“十四五”职业教育国家规划教材

高等职业院校数字媒体·艺术设计精品课程系列教材

Ps

微课版

Photoshop

图像处理项目式教程

（第4版）

邹羚 戚一翡/主编

电子工业出版社

Publishing House of Electronics Industry

北京·BEIJING

内 容 简 介

　　本书在"校企合作"的基础上，以"职业岗位"为主线，用"工作项目"引导，创设真实的"工作任务"。在每个任务中，利用引导模式进行逐步教学，利用应用模式进行重点教学，利用实践模式进行实践训练，将知识点科学地分解和编排到每个任务中，同时融入当前的流行元素，集通俗性、实用性、技巧性、流行性于一体。本书分为三篇：广告设计篇、包装设计篇和界面设计篇。通过 7 个项目、33 个任务、66 个案例、7 个实践案例，详细介绍了 Photoshop CC 2018 各方面的应用。这些项目分别是海报及招贴画制作、照片后期处理、CI 企业形象设计、书籍包装设计、产品包装设计、网站页面设计和产品界面设计。另外，还提供了相应的知识点练习题。

　　本书通俗易懂、循序渐进，不仅适合 Photoshop 初、中级用户阅读，也可以作为大中专院校相关专业的学生及培训班学员上机培训的教材。

图书在版编目（CIP）数据

Photoshop图像处理项目式教程：微课版 / 邹羚，戚一翡主编. —4版. —北京：电子工业出版社，2021.9
ISBN 978-7-121-21855-2

Ⅰ．①P… Ⅱ．①邹… ②戚… Ⅲ．①图像处理软件－教材 Ⅳ．①TP391.413

中国版本图书馆CIP数据核字（2021）第158466号

责任编辑：左　雅
印　　刷：中国电影出版社印刷厂
装　　订：中国电影出版社印刷厂
出版发行：电子工业出版社
　　　　　北京市海淀区万寿路 173 信箱　　邮编：100036
开　　本：787×1 092　1/16　印张：16.25　字数：468 千字
版　　次：2011 年 3 月第 1 版
　　　　　2021 年 9 月第 4 版
印　　次：2023 年 11 月第 10 次印刷
定　　价：79.00 元

凡所购买电子工业出版社图书有缺损问题，请向购买书店调换。若书店售缺，请与本社发行部联系，联系及邮购电话：（010）88254888，88258888。

质量投诉请发邮件至 zlts@phei.com.cn，盗版侵权举报请发邮件至 dbqq@phei.com.cn。

本书咨询联系方式：（010）88254580，zuoya@phei.com.cn。

作为一款优秀的图像处理软件，Photoshop 一直占据着图像处理软件的"领袖"地位，是广告设计、包装设计、界面设计及网页设计的必备软件之一。使用它可以尝试新的创作方式，制作适用于打印、Web 页面等其他任何用途的最佳品质图像，还可以通过更快捷的文件访问方式、简易的专业照片润饰功能及方便的产品设计仿真形式，创造出无与伦比的图像世界。它惊人的功能引起了广大图像处理爱好者的强烈兴趣。

少年强则国强，作为一本职业教育的国家规划教材，本书在教材的立意和规划、章节的分割和联系、案例的选取和延展等方面进行了符合职业教育学生的设计；同时秉承党的二十大报告对教材鲜明意识形态属性、价值传承功能的要求，以"校企合作"为基础，以"职业岗位"为主线，用"工作项目"引导，创设真实"工作任务"，且每个任务都以"立德树人"为核心载体，通过沉浸式、体验式教学模拟工作室环境，深化"三全育人"改革实践，通过学习、模仿、创新层次的提升，培养学生精雕细琢、精益求精，不断追求完美和极致的新时代的工匠精神，为中国式现代化的突破与创新打下基础。

本书每个任务都有引导模式和应用模式的教学，在引导模式中，任务被逐步分解，手把手地指导读者进行实践操作，并将不同的知识点融入其中，通过理论与实际相结合，在完成任务的同时，掌握相关理论知识与工具的使用技巧。在引导模式之后，还配有与本任务相关的知识点详解，在此，读者可以更加详细地了解相关的拓展知识。在应用模式中，选取关键步骤进行教学，力求使读者边学习、边思考、边操作。最后，通过每个项目后的实践模式进行实践能力的训练。本书案例的选取，力求体现典型性、实用性、商业化的特点，同时也非常注重案例的效果体现。在每个项目最后都会配有整个项目所使用到的知识点拓展和练习题，以帮助读者巩固所学的知识并启发读者思考。

本书具体内容如下。

广告设计篇

项目 1：海报及招贴画制作

通过 5 个任务，公益海报制作、电影海报制作、公共招贴画制作、商业招贴画制作、海报设计之流行元素，以及 1 个实践制作，介绍 Photoshop CC 2018 的界面，新建文档的设置，图像自由变换的方式，内容识别缩放，操控变形，图像的移动、填充、描边，图层混合模式的设置，以及模糊、像素化、风格化、杂色、渲染滤镜等的使用，同时介绍了海报设计的理论知识与设计方法。

项目 2：照片后期处理

通过 5 个任务，婚纱照制作、老照片处理、照片修复处理、人物照片处理、照片处理之流行元素，以及 1 个实践制作，介绍"盖印图层"的使用，图像的色相、饱和度的调整，照片滤镜、镜头模糊、场景模糊、光圈模糊的使用与效果，设置填充图层，调整图层的上色功能，"修复画笔工具"、"历史记录画笔工具"和"历史记录艺术画笔工具"的使用技巧，利用自定义画笔、自定义图案命令来创建不同风格的图片，"透视工具"及"透视裁剪工具"的使用技巧，同时介绍了色彩的理论知识及其搭配方法。

项目 3：CI 企业形象设计

通过 5 个任务，企业标志设计、企业工作证设计、企业产品宣传册设计、企业员工制服制作，标志设计之流行元素，以及 1 个实践制作，介绍"路径工具"的使用，文字变形的方法，图层样式的使用，参考线添加技巧，文本对齐方式及文字、段落的设置方法，描边和填充路径的方法，同时介绍了版面设计的理论知识与设计方法。

⊙ 包装设计篇

项目 4：书籍包装设计

通过 4 个任务，书籍封面设计、书籍扉页设计、动漫风格图片制作，书籍杂志设计之流行元素，以及 1 个实践制作，介绍蒙版的使用和编辑技巧，模糊、锐化、涂抹、减淡、加深、海绵工具的特点与使用方法，"背景橡皮擦工具"的神奇功能，剪贴蒙版的作用及智能对象的特色，同时介绍了书籍设计的理论知识及其应用。

项目 5：产品包装设计

通过 4 个任务，包装纸袋设计、CD 封套设计、瓶子包装设计，包装设计之流行元素，以及 1 个实践制作，介绍了"钢笔工具"的使用和编辑技巧，"渐变工具"的几种方式和特点，"魔棒工具"的使用及羽化的设计技巧，同时介绍了产品包装设计的理论知识。

⊙ 界面设计篇

项目 6：网站页面设计

通过 5 个任务，网站页面元素设计、个人网站页面设计、婚纱网站页面设计、网站动态效果制作，网页设计之流行元素，以及 1 个实践制作，介绍了"图层组"的使用、上下文提示，"自定形状工具"的使用和编辑技巧，"网页切片工具"的使用方法，"内容感知移动工具"的使用、利用时间轴面板制作 Gif 小动画的技巧，同时介绍了网页设计的理论知识及基本设计方法。

项目 7：产品界面设计

通过 5 个任务，播放器界面设计、手机 UI 界面设计、计算机桌面背景设计，聊天软件界面扁平化设计，UI 设计之流行元素，以及 1 个实践制作，介绍了"铅笔工具""画笔工具"的使用和编辑技巧，调整图层的添加与几种调整图层的特点，"矩形工具""圆角矩形工具""椭圆工具"的不同使用特点，以及图层过滤器的使用方法，同时介绍了 UI 设计中的理论知识及设计要点。

由于教学需要，在本书中引用了一些公司标志、产品图片、明星照片等，在此向原作者表示感谢。本书提供的配套资源有：JPG 格式任务素材，JPG、PSD 格式效果图，课后作业答案，教学课件 PPT，请读者登录华信教育资源网（www.hxedu.com.cn）注册后免费下载。在复杂关键的案例中提供了教学视频，让读者能够更清楚地了解制作过程，请扫描书中二维码观看学习。

本书由邹羚、戚一翡担任主编。感谢本书的合作单位苏州致幻工业设计有限公司提出的大量建设性意见。

第 4 版修订说明：本书经过第 1 版、第 2 版、第 3 版后，使用人群增多，得到了非常多的好评，并于 2013 年和 2020 年分别被评为"十二五"职业教育国家规划教材和"十三五"职业教育国家规划教材。为了适应 Photoshop 版本的提升，本书所使用软件的版本也从原来的 Photoshop CS6 改成 Photoshop CC 2018。另外，根据大量的企业实践，对其中的一些任务进行了修订，在保留旧项目、传统工具使用技巧的基础上，对每个项目增加了最近几年比较流行的风格，如像素风格、赛博故障风格、古典中国风格、剪纸风格、波普风格、极简风格、MBE 风格等，不仅加入了对流行风格的介绍，也介绍了流行工具的使用技巧和技法。

由于作者水平有限，加之时间仓促，书中错漏之处在所难免，敬请广大用户和读者批评指正、不吝赐教。

编　者

CONTENTS

目录

广告设计篇

项目三　CI 企业形象设计

包装设计篇

项目四　书籍包装设计

项目五　产品包装设计

界面设计篇

项目六　网站页面设计

项目七 产品界面设计

参考文献

广告设计篇

本篇学习要点:

- 了解广告设计的基本理念及类型特点;

- 掌握海报及招贴画、CI企业形象的设计，以及照片后期的处理制作方法;

- 掌握完成任务相关工具的使用技巧;

- 掌握海报及招贴画、CI企业形象的设计，以及照片后期处理的一些流行风格的制作
  及应用;

- 能应用广告设计理念和Photoshop工具进行广告作品的构思与创作;

- 明确广告设计职业素养，要求在工作中对设计方案深入优化，发扬工匠精神，树立
  不断学习的职业观。

项目一

项目二

项目三

项目四

项目五

项目六

项目七

项目一 海报及招贴画制作

海报及招贴画属于平面广告的一种形式，通常张贴于城市各处的街道、影院、商业区、车站、公园等公共场所，主要起信息传递或公众宣传的作用。按照应用内容的不同可以分为商业海报、电影海报、公益海报、公共招贴画、商业招贴画等。海报及招贴画的特点在于尺寸大、远视强、内容范围广、具有一定的艺术性，所以在制作时要充分考虑通过色彩、构图、形式等要素所形成的强烈视觉效果，以及画面内容的新颖感、独特感，达到简单明了地传递信息的目的。

1.1 任务 1 公益海报制作

1.1.1 引导模式——"Save the Earth"公益海报 1

⊙ 1. 任务描述

利用"移动工具""画笔工具""自由变换"命令等，制作一张主题为"拯救地球"的公益海报。

⊙ 2. 能力目标

① 能熟练运用"移动工具"进行图像移动操作；

② 能熟练运用"自由变换"命令对图像进行旋转、斜切、扭曲、缩放等操作；

③ 能熟练运用"色相 / 饱和度"命令对图像的色彩、亮度等进行调整；

④ 能运用图层控制面板进行图层位置的调整。

⊙ 3. 任务效果图（见图 1-1）

图 1-1 "Save the Earth"公益海报 1 效果图

⊙ 4. 操作步骤

Step 01 启动 Photoshop CC 2018，选择"文件"→"新建"命令，如图 1-2 所示，或按【Ctrl+N】组合键，打开"新建文档"对话框，设置宽度为"600 像素"，高度为"900 像素"，分辨率为"72 像素 / 英寸"，颜色模式为"RGB 颜色"，名称为"拯救地球公益海报"，如图 1-3 所示。

图 1-2 "新建"命令

图 1-3 "新建文档"对话框

注意：由于 Photoshop CC 2018 版本外观有 4 种不同的颜色方案，考虑到教材的打印效果和读者习惯，本教材中所有截图都采用第 4 种颜色方案，选择"编辑"→"首选项"→"界面"命令，从颜色方案中选择第 4 个。

Step 02 选择"图像"→"调整"→"反相"命令，或按【Ctrl+I】组合键，背景变为黑色，如图1-4所示。

图1-4　"反相"命令

Step 03 选择"文件"→"打开"命令，打开素材库中的"素材—手"图片，选择工具箱中"移动工具" ，将图片拖至新建文件中，成为"图层1"。选择"编辑"→"自由变换"命令，如图1-5所示，或按【Ctrl+T】组合键，对"图层1"进行大小调整。为防止图像变形，应按住【Shift】键的同时用鼠标拖动角上的小方块进行等比缩放，如图1-6所示，大小调整完毕后按【Enter】键确认。效果如图1-7所示。

图1-5　"自由变换"命令

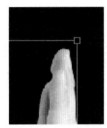 

图1-6　等比缩放　　图1-7　调整手大小

Step 04 打开素材库中的"素材—地球"图片，选择"移动工具"将其拖至新建文件中，成为"图层2"。在图层控制面板中，选中"图层2"按住鼠标左键不放拖动至"图层1"下方，如图1-8所示。选择"自由变换工具"对"图层2"进行调整，达到如图1-9所示的效果。

图1-8　图层位置调整1　　图1-9　调整地球大小

Step 05 在图层控制面板中，选中"图层1"，选择"图像"→"调整"→"色相/饱和度"命令，打开"色相/饱和度"对话框，设置饱和度为"-20"，明度为"-10"，如图1-10所示。

图1-10　"色相/饱和度"设置1

Step 06 使用同样的方法调整"图层2"的色相/饱和度，设置色相为"-5"，如图1-11所示。使图像达到如图1-12所示的效果，令地球"热"的感觉更为明显。

图1-11　"色相/饱和度"设置2

图 1-12　调整手和地球色调

Step 07 打开素材库中的"素材—渐变图"图片，选择"移动工具"将其拖至新建文件中，成为"图层 3"。在图层控制面板中，选中"图层 3"按住鼠标左键不放拖动至"图层 1"上方，如图 1-13 所示。选择"移动工具"调整渐变图的位置，达到如图 1-14 所示的效果。

图 1-13　图层位置调整 2

图 1-14　添加渐变

Step 08 打开素材库中的"素材—植物"图片，选择"移动工具"将其拖至新建文件中，成为"图层 4"，位于所有图层的最上方。在图层控制面板中，选中此图层并右击，在弹出的快捷菜单中选择"混合选项"命令，如图 1-15 所示。在打开的"图层样式"对话框中勾选"外发光"复选框，设置不透明度"75%"，扩展为"2%"，大小为"10"像素，如图 1-16 所示，单击"确定"按钮。选择"自由变换工具"，调整大小到如图 1-17 所示的效果。

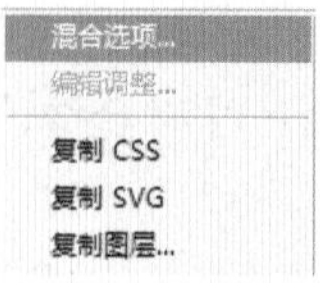

图 1-15　"混合选项"命令

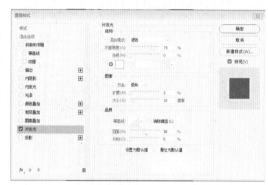

图 1-16　"外发光"设置

图 1-17　添加植物

Step 09 选择工具箱中的"横排文字工具" T.，在画面上单击，输入文字"Save the Earth"。选中文字，在其选项栏中设置字体为"Arial Black"，大小为"48 点"，颜色值为 RGB（146，200，0），如图 1-18 所示。在图层控制面板中，选中此文字图层并右击，在弹出的快捷菜单中选择"复制图层"命令，生成"Save the Earth 拷贝"。选择工具箱中的"横排文字工具" T.，在文字上单击，全部选择文字，在其选项栏中设置字体颜色值为 RGB（224，60，10）。选择"移动工具"使红色字体向右微移，将图层位置移动到绿色字体的下方。整个画面效果如图 1-19 所示。

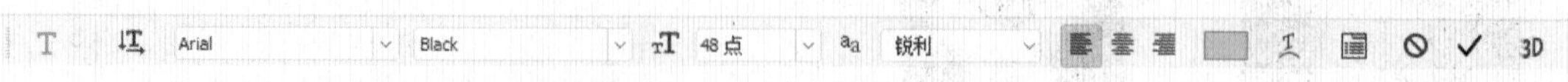

| T. | IT | Arial | ∨ | Black | ∨ | T 48 点 | ∨ | aa | 锐利 | ∨ | 畺 畺 畺 | | I | | ⊘ | ✓ | 3D |

图 1-18　"字体"设置

图 1-19 添加文字

Step 10 在图层控制面板中，单击"创建新图层"按钮 ，新建"图层5"。选择工具箱中"画笔工具" ，在画面上右击，出现如图 1-20 所示的"画笔"面板，选择"95"号画笔"散步叶片"。注意：如果没有画笔，请选择"画笔"面板右上角的设置按钮 ，选择旧版画笔，在弹出的对话框中提示"是否要将'旧版画笔'画笔集恢复为'画笔预设'列表"，单击"确定"按钮加载进来。选择工具箱中的"设置前景色工具" ，出现如图 1-21 所示的"拾色器"对话框，设置颜色值为 RGB（91，164，32），在画面上绘制一些叶片，最终效果如图 1-22 所示。

图 1-20 "画笔"设置

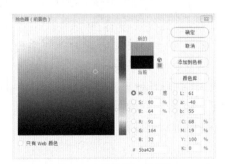

图 1-21 "拾色器"对话框

图 1-22 完成图

注意：如果有叶片把手的部分遮挡了，可以选择工具箱中"橡皮擦工具" 将绘制在手上的叶片擦除。

Step 11 选择"文件"→"存储为"命令，或按【Shift+Ctrl+S】组合键，打开"另存为"对话框。设置保存位置，格式为"JPEG"，单击"保存"按钮，如图 1-23 所示。在弹出的"JPEG选项"对话框中设置品质为"最佳"，格式选项为"基线"，单击"确定"按钮，如图 1-24 所示。

图 1-23 "另存为"对话框

图 1-24 "JPEG 选项"对话框

项目一

项目二

项目三

项目四

项目五

项目六

项目七

● 5. 技巧点拨

1）Photoshop CC 2018 界面

打开 Photoshop CC 2018，如图 1-25 所示。整个界面分别由菜单栏、选项栏、工具箱、控制面板和画布等组成。

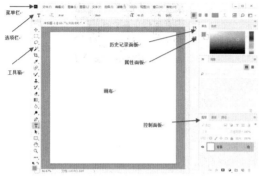

图 1-25　Photoshop CC 2018 界面

2）新建文档设置

Photoshop 中新建文档包含了大小、分辨率、颜色模式的设置。

（1）预设尺寸。为了方便用户的使用，Photoshop 在"新建文档"对话框中设置了很多预设标准尺寸类型，如图 1-26 所示。如果选择"图稿和插图"选项，就会显示相关的推荐尺寸让用户选择，如图 1-27 所示。如果没有需要的尺寸，可以自己输入大小、分辨率，同案例中图 1-3 所示。

图 1-26　预设标准尺寸类型

图 1-27　"图稿和插图"预设标准尺寸

（2）像素。像素是构成位图图像的基本单位，由小方格组成，因此将图像放大后，会呈现马赛克效果。当选择网络、移动设备、胶片视频等预设类型的时候，单位会自动显示像素；当选择打印、照片预设类型的时候，单位会自动显示厘米或英寸，即现实生活中的实际单位。

（3）分辨率。设定好尺寸后，需要设置分辨率，也就是设置像素的大小。分辨率的基本单位是像素 / 英寸，即每英寸包含的像素点数。一般来说，图像分辨率越大，像素越多，图像的细节就越多，质量就越好，当然图像的大小就越大。

（4）颜色模式。Photoshop 中的颜色模式有：位图、灰度、RGB 颜色、CMYK 颜色、Lab 颜色，如图 1-28 所示。RGB 模式是显示屏模式，CMYK 模式是打印模式。要根据图像的用途选择相应的模式，如用于网络、视频等纯电子图片，则选择 RGB 模式；如用于宣传册、海报之类印刷图片，则选择 CMYK 模式。

（5）背景内容。"新建文档"中背景色可选择白色、黑色和背景色，如图 1-29 所示。单击右侧的拾色框，可选择任意的颜色作为文档的背景。

图 1-28　颜色模式　　　图 1-29　背景内容

注意：在"新建文档"标题的后面，有一个 ⬇ 按钮，可以把自己常用的尺寸存储成系统的预设尺寸，以便日后使用。

3）图像的变换

Photoshop CC 2018 可对选区、单个图层、多个图层或图层蒙版等进行变换。所有变换都针对一个固定的参考点执行，默认状态下，此点处于需要变换对象的中心，如图 1-30 所示，把鼠标置于该参考点时，出现✛标志后可以移动该点来改变对象的中心点位置。

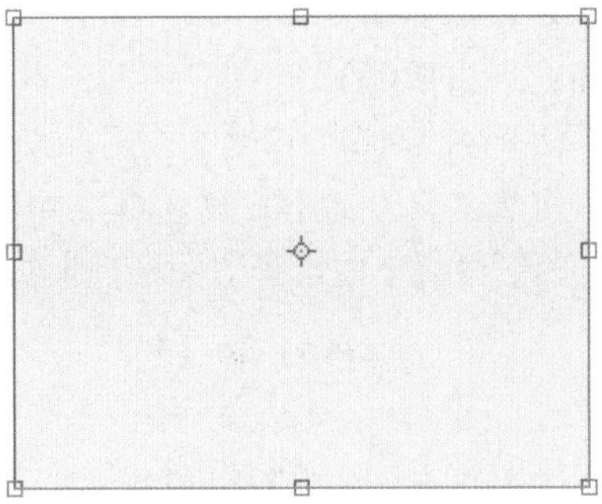

图 1-30　变换对象的中心

（1）"自由变换"命令。可通过旋转、缩放、斜切、扭曲和透视等命令对图像进行变换。首先，选择要变换的对象；其次，选择"编辑"→"自由变换"命令，或按【Ctrl+T】组合键。

①缩放。如要进行等比缩放，可按住【Shift】键的同时拖动角上的方块。

如要进行精确缩放，可在选项栏"W"（宽度）和"H"（高度）中设置百分比，单击中间的"链接"图标 ∞ 可以保持对象的长宽比，如图 1-31 所示。

②旋转。如要进行旋转，将鼠标移至对象范围外，此时出现弯曲状的双向箭头，即可进行旋转。如按住【Shift】键的同时旋转，则旋转角度是以 15° 递增的。

如要进行精确旋转，可在选项栏"旋转"中设置数值，如图 1-32 所示。

W: 100.00%	∞	H: 100.00%	△ 0	度

图 1-31　"缩放"选项栏　　图 1-32　"旋转"选项栏

③扭曲。如要进行中心点扭曲，可按住【Alt】键的同时拖动角上的方块。

如要进行自由扭曲，可按住【Ctrl】键的同时拖动角上的方块。

④斜切。如要进行斜切，可按住【Ctrl+Shift】组合键的同时拖动角上的方块。

如果要精确斜切，可在选项栏"H"（水平斜切）和"V"（垂直斜切）中设置数值，如图 1-33 所示。

H: -1.3	度	V: 0.00	度

图 1-33　"斜切"选项栏

⑤透视。如要进行透视，可按住【Ctrl+

Alt+Shift】组合键的同时拖动角上的方块。

⑥变形。如要进行变形，可在选项栏中选择"在自由变换和变形模式之间切换"按钮 🖳，出现"变形"选项栏，如图 1-34 所示，拖动控制点则可以改变对象形状，如图 1-35 所示。此外，可在选项栏中的"变形"下拉菜单中选择一种预设的变形样式，如图 1-36 所示。

▦ ▦ 变形：自定 ∨	弯曲：0.0	% H: 0.0	% V: 0.0	%

图 1-34　"变形"选项栏

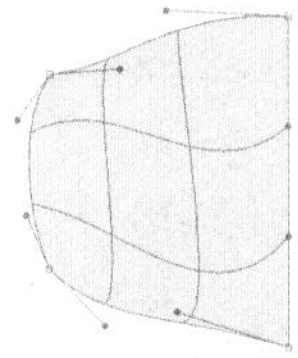

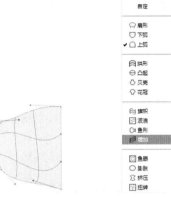

图 1-35　变形操作　　　图 1-36　变形样式

（2）"变换"命令。选择"编辑"→"变换"→"缩放"、"旋转"、"斜切"、"扭曲"、"透视"或"变形"命令。其使用方法与"自由变换工具"相同。

注意：在 Photoshop CC 2018 中，"自由变换"命令的选项栏中添加了"插值"选项插值：两次立方 ⚬，在图像放大、缩小的时候可以尝试不同的"插值"选项。

（3）内容识别缩放。内容识别缩放主要针对主体不变形，变形背景的操作。打开素材库中的"素材—内容识别"图片，如图 1-37 所示，人物不变，后面的场景进行了缩放。

图 1-37　"内容识别缩放"的应用

项目一
项目二
项目三
项目四
项目五
项目六
项目七

（4）操控变形。打开素材库中的"素材—操控变形"图片，选择"编辑"→"操控变形"命令，可以通过在图像上增加图钉，快速改变图像中物体的形态或动作，使人物或图像中在视觉上呈现出运动的状态，增加图像的生动性。如图 1-38 所示，a 图为原图（注意图像背景最好是透明的），b 图为添加操控变形后的网格，c 图为去除网格、增加图钉的图像，d 图为变形后的图像。

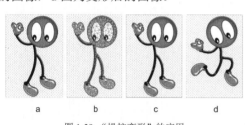

图 1-38 "操控变形"的应用

4）图像的移动

如要对图层中的图像进行移动，可在图层控制面板中直接选中要移动的图层，或者在选项栏中勾选"自动选择"复选框，如图 1-39 所示。在下拉菜单中选择"图层"选项。

☑ 自动选择： 图层 ⇕

图 1-39 "自动选择"选项

按住【Shift】键的同时单击多个图层，选择"自动选择"下拉菜单中的"组"选项，可在某个组中选择一个图层时选择整个组。

选择工具箱中的"移动工具"可进行移动，如要对位置进行精细调整，可按键盘上的方向键每次微移 1 个像素，按住【Shift】键的同时按方向键可每次微移 10 个像素。

1.1.2 应用模式——"Save the Earth"公益海报 2

● 1. 任务效果图（见图 1-40）

图 1-40 "Save the Earth"公益海报 2 效果图

● 2. 关键步骤

Step 01 打开素材库中的"素材—树"图片拖至文件中，复制该图层，选择"编辑"→"变换"→"垂直翻转"命令，如图 1-41 所示。选择"自由变换工具"调整该图层的大小，然后选择"移动工具"将其拖至画面底部。最后选择"橡皮擦工具"将作为倒影的树根的多余部分擦除。

Step 02 选择复制的树倒影图层，选择"图像"→"调整"→"去色"命令，或按【Shift+Ctrl+U】组合键，如图 1-42 所示。在图层控制面板中，将图层的"不透明度"设置为"50%"，如图 1-43 所示。

图 1-41 "垂直翻转"命令

Step 03 将素材库中的"素材—蝴蝶 1""素材—蝴蝶 2"图片拖至文件中，通过图层控制面板的"混合选项"命令对其进行"外发光"的设置，设置扩展为"2%"，大小为"24"像素，如图 1-44 所示。

图 1-42　"去色"命令

图 1-43　图层不透明度设置

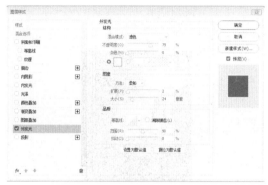

图 1-44　"外发光"设置

1.2　任务 2　电影海报制作

1.2.1　引导模式——《From Hell》电影海报

1. 任务描述

运用"模糊滤镜""像素化滤镜""风格化滤镜"等命令，制作一张《From Hell》的电影海报。

2. 能力目标

① 能熟练运用"模糊滤镜"命令对选区图像或整个图像进行柔化处理；

② 能熟练运用"像素化滤镜"命令中的点状化设置，使图像产生点状效果；

③ 能熟练运用"风格化滤镜"命令中的风设置，模拟风效果；

④ 能运用"旋转画布"命令对整个图像进行旋转处理。

3. 任务效果图（见图 1-45）

图 1-45　《From Hell》电影海报效果图

项目一　项目二　项目三　项目四　项目五　项目六　项目七

○ 4. 操作步骤

Step 01 启动 Photoshop CC 2018，选择"文件"→"新建"命令或按【Ctrl+N】组合键，打开"新建文档"对话框，设置宽度为"600 像素"，高度为"800 像素"，分辨率为"72 像素/英寸"，颜色模式为"RGB 颜色"，名称为"From Hell"。

Step 02 选择"文件"→"打开"命令，打开素材库中的"素材—女子"图片，选择工具箱中的"移动工具"，将图片拖至新建文件中，成为"图层 1"，位置如图 1-46 所示。

图 1-46 "女子"图片位置

Step 03 在图层控制面板中，选中"背景"图层，选择"图像"→"调整"→"反相"命令，或按【Ctrl+I】组合键，使背景变为黑色。

Step 04 选择"文件"→"打开"命令，打开素材库中的"素材—云"图片，选择工具箱中的"移动工具"，将图片拖至新建文件中，成为"图层 2"。在图层控制面板中，选中"图层 2"按住鼠标左键将其拖动至所有图层的最上方，将图层的不透明度设置为"40%"，如图 1-47 所示。

图 1-47 图层不透明度设置

Step 05 选择工具箱中的"橡皮擦工具"，在画面上右击，出现如图 1-48 所示的"画笔"面板，将硬度设置为"0%"，主直径根据使用需要自行调节大小，将遮挡在女子身上的云擦掉，效果如图 1-49 所示。

图 1-48 橡皮擦"画笔"设置

图 1-49 擦除人体上的云朵

注意：选择工具箱中"缩放工具" 🔍，先对画面进行放大，再进行细节、边缘部分的擦除，如图 1-50 所示，在选项栏中有"放大"和"缩小"的选项。

图 1-50 缩放工具

Step 06 在图层控制面板中，单击"创建新图层"按钮 🗗，新建"图层 3"。选择工具箱中的"油漆桶工具" 🪣，选择工具箱中的"前景色工具" 🎨，出现如图 1-51 所示对话框，设置前景色为 RGB（0，0，0），背景色为 RGB（255，255，255），按【Enter】键确认。在画面上单击，"图层 3"被填充为黑色。

图 1-51 "前景色"设置

Step 07 选择"滤镜"→"像素化"→"点状化"命令，打开"点状化"对话框，设置单元格大小为"7"。

Step 08 选择"图像"→"调整"→"阈值"命令，打开"阈值"对话框，如图 1-52 所示，设置阈值色阶为"163"。在图层控制面板中设置"图层 3"的不透明度为"70%"。

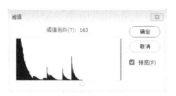

图 1-52 "阈值"设置

Step 09 选择"滤镜"→"模糊"→"动感模糊"命令，打开"动感模糊"对话框，如图 1-53 所示，设置角度为"70"度，距离为"50"像素。在图层控制面板中，设置图层混合模式为"滤色"，如图 1-54 所示。

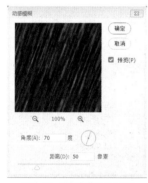

图 1-53 "动感模糊"设置

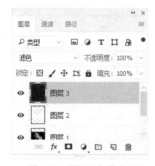

图 1-54 图层混合模式设置

Step 10 选择"文件"→"打开"命令，打开素材库中的"素材—边框"图片，选择工具箱中的"移动工具"，将图片拖至文件中，成为"图层 4"，使其与画面上下左右对齐。

Step 11 在图层控制面板中，选中"图层

1"，选择"图像"→"调整"→"去色"命令，或按【Shift+Ctrl+U】组合键。整个画面效果如图 1-55 所示。

图 1-55 添加边框和去色

Step 12 在图层控制面板中，选中"图层4"，选择工具箱中的"横排文字工具"T，在画面中单击，输入文字"From Hell"，在其选项栏中设置字体为"Arial Black"，大小为"48 点"，颜色值为 RGB（255，255，255）。

Step 13 选择"编辑"→"变换"→"顺时针旋转 90 度"命令，如图 1-56 所示。在图层控制面板中，右击文字图层"From Hell"，在弹出的快捷菜单中选择"栅格化文字"命令，如图 1-57 所示。

图 1-56 "旋转 90 度（顺时针）"命令

图 1-57 "栅格化文字"命令

Step 14 选择"滤镜"→"风格化"→"风"命令，打开"风"对话框，如图 1-58 所示。设置方向为"从左"，其他为默认值。重复该步骤，做 3 次风的效果。选择"编辑"→"变换"→"旋转 90 度（逆时针）"命令。画面效果如图 1-59 所示。

图 1-58 "风"设置

图 1-59 文字设置"风"后效果

Step 15 选择"滤镜"→"模糊"→"高斯模糊"命令，打开"高斯模糊"对话框，设置半径为"1.5"像素。

Step 16 在图层控制面板中，单击"创建新图层"按钮，新建"图层 5"。选择工具箱中的"油漆桶工具"，选择工具箱中的"设置前景色工具"，设置颜色值为 RGB（0，0，0），按【Enter】键确认。在画面上单击，"图层 5"被填充为黑色。在图层控制面板中，选中"图层 5"按住鼠标左键将其拖动至"From Hell"图层的下方，如图 1-60 所示。

图 1-60 图层位置设置

Step 17 在图层控制面板中，选中"From Hell"图层，选择"图层"→"向下合并"命令，或按【Ctrl+E】组合键，如图 1-61 所示。

图 1-61 "向下合并"命令

Step 18 选择"图像"→"调整"→"色相/饱和度"命令，打开"色相/饱和度"对话框，勾选"着色"复选框，设置色相为"40"，饱和度为"100"，如图1-62所示。

图1-62　"色相/饱和度"设置

Step 19 在图层控制面板中，选中"图层5"，右击，在弹出的快捷菜单中选择"复制图层"命令，生成"图层5 拷贝"，如图1-63所示。选择"图像"→"调整"→"色相/饱和度"命令，打开"色相/饱和度"对话框，勾选"着色"复选框，设置饱和度为"100"。

图1-63　复制图层5

Step 20 在图层控制面板中，设置"图层5 拷贝"的图层混合模式为"柔光"，如图1-64所示。选择"图层"→"向下合并"命令，或按【Ctrl+E】组合键，合并"图层5 拷贝"与"图层5"。在图层控制面板中，设置合并后的"图层5"图层混合模式为"滤色"，完成效果图。

Step 21 选择"文件"→"存储为"命令，将图像进行保存。

图1-64　"柔光"设置

⚫ 5. 技巧点拨

1）模糊滤镜

模糊滤镜的作用是柔化选区图像或整个图像，达到修饰画面的效果。选择"滤镜"→"模糊"命令，出现如图1-65所示菜单。

图1-65　"模糊滤镜"菜单

（1）表面模糊。在保留图像边缘的同时起到模糊图像的作用，这种效果可以消除杂色或颗粒感。"半径"选项指模糊取样范围的大小，"阈值"选项指通过调节色阶的大小而改变模糊的程度，色阶越大越模糊。

（2）动感模糊。在360°范围内沿指定方向以指定强度（1～999像素）进行模糊。

（3）方框模糊。利用相邻像素的平均颜色值达到模糊图像的效果，半径设置得越大，模糊效果越好。

（4）高斯模糊。通过调整模糊半径来快速模糊图像，产生一种朦胧的效果。

（5）进一步模糊和模糊。两种模糊都能对图像中有明显颜色变化的地方进行杂色消除，从而达到模糊的效果。进一步模糊的效果比模糊的效果强三四倍。

（6）径向模糊。模糊方法分为"缩放"和"旋转"，如图1-66所示。"旋转"模糊是指沿同心圆环线模糊，然后旋转一定的角度。"缩放"模糊是指先沿径向线模糊，然后放大或缩小。数量输入值范围为 1 ～ 100，模糊的品质分为"草图"、"好"和"最好"。拖动"中心模糊"框中的图案可选择模糊的原点。

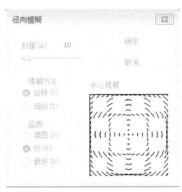

图 1-66 "径向模糊"设置

（7）镜头模糊。使图像中的某些区域在焦点内，另一些区域变模糊，从而产生景深效果。

（8）平均。根据图像或选区的平均颜色，使用该颜色填充图像或选区。

（9）特殊模糊。通过调节半径、阈值、品质、模式来进行模糊。模式中有"正常"、"仅限边缘"和"叠加边缘"3 个选项。

（10）形状模糊。使用指定的形状来进行模糊。在自定义形状预设列表中任选一种形状，通过改变"半径"来调整其大小，也可载入不同的形状库。形状越大，模糊效果越好。

2）像素化滤镜

像素化滤镜是使单元格中颜色值相近的像素结成相近颜色的像素块。选择"滤镜"→"像素化"命令，出现如图 1-67 所示菜单。

图 1-67 "像素化滤镜"菜单

（1）彩块化。使图像看起来类似手绘效果或抽象派绘画的效果。

（2）彩色半调。在图像的每个通道中将图像划分为矩形，用圆形替换每个矩形。矩形的亮度决定圆形的大小。

（3）点状化。分解图像中的颜色并进行随机分布。

（4）晶格化。相近的像素结成像素块从而形成多边形的纯色。

（5）马赛克。像素结为方形像素块。

（6）碎片。图像中像素的副本进行相互偏移从而产生模糊效果。

（7）铜版雕刻。将图像变为随机的网点图案。在"类型"菜单中分别有"精细点""中等点""粒状点""粗网点""短直线""中长直线""长直线""短描边""中长描边""长描边"选项。

3）风格化滤镜

风格化滤镜通过置换像素、查找使得图像或选区产生绘画或印象派的效果。选择"滤镜"→"风格化"命令，出现如图 1-68 所示菜单。

图 1-68 "风格化滤镜"菜单

（1）查找边缘。用特定颜色的线条勾勒图像的边缘。

（2）等高线。淡淡地勾勒每个颜色通道的主要亮度区域。

（3）风。模拟风吹的效果。方法分为"风"、"大风"和"飓风"，方向分为"从右"和"从左"。

（4）浮雕效果。模拟浮雕的效果。可改变立体的角度、浮雕的高度等。

（5）扩散。对图像进行虚化焦点。模式分为"正常"、"变暗优先"、"变亮优先"和"各向异性"。

（6）拼贴。将图像分解为不同的区域并使其偏离原来的位置。

（7）曝光过度。模拟摄影中曝光过度的效果。

（8）凸出。模拟三维纹理效果。

（9）油画。模拟油画的效果

4）旋转画布

旋转画布可对整个图像进行旋转或翻转，但不能旋转或翻转单个图层或选区等。选择

"图像"→"图像旋转"命令，出现如图 1-69 所示的菜单。该菜单命令很好理解，此处不再详细说明。

图 1-69 "旋转画布"菜单

项目一

项目二

项目三

项目四

项目五

项目六

项目七

1.2.2 应用模式——《生死时速》电影海报

1. 任务效果图（见图 1-70）

图 1-70 《生死时速》电影海报效果图

2. 关键步骤

Step 01 打开素材库中的"素材—海报"图片，选择工具箱中的"横排文字工具" **T**，

在画面上单击，输入文字"生死时速"，字体选择"宋体"。

注意：在输入中文字体前，先设置输入法为中文，然后选择"横排文字工具"输入文字。

Step 02 单击选项栏中的"显示/隐藏字符和段落调板"按钮，打开如图 1-71 所示的字符调板。选择"仿粗体"命令 **T**、"仿斜体"命令 **T**。

图 1-71 "字符"设置

Step 03 选择"风"命令修饰文字"生死时速"后，选择"滤镜"→"扭曲"→"波纹"命令，打开"波纹"对话框。设置数量为"100%"，大小为"中"。

1.3 任务 3　公共招贴画制作

1.3.1　引导模式——“欢度国庆”公共招贴画

1. 任务描述

利用“图层样式”、“油漆桶工具”等，制作一张充满喜庆色彩，主题为“欢度国庆”的公共招贴画。

2. 能力目标

① 能熟练运用“图层样式”添加投影、渐变等效果；

② 能熟练运用“外发光”模式中不同“等高线”模式实现多种外发光效果；

③ 能熟练运用“描边”模式制作描边效果；

④ 能在“渐变编辑器”中对渐变进行编辑修改从而实现不同的渐变色彩效果。

3. 任务效果图（见图 1-72）

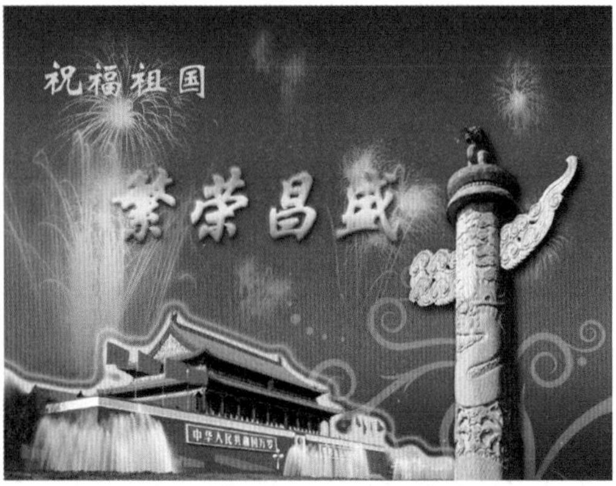

图 1-72 “欢度国庆”公共招贴画效果图

4. 操作步骤

Step 01 启动 Photoshop CC 2018，选择“文件”→“新建”命令或按【Ctrl+N】组合键，打开“新建文档”对话框，设置宽度为“800 像素”，高度为“600 像素”，分辨率为“72 像素 / 英寸”，颜色模式为“RGB 颜色”，名称为“国庆 60 华诞”。

Step 02 选择工具箱中的“油漆桶工具”，出现如图 1-73 所示的菜单选项，选择“渐变工具”。单击选项栏中的“点按可编辑渐变”按钮，如图 1-74 所示。在“渐变编辑器”对话框中先单击左下角的色标符号，再单击“颜色”按钮，设置颜色值为 RGB（96，0，0）；先单击右下角的色标符号，再单击“颜色”按钮，设置颜色值为 RGB（96，0，0）。在颜色条下方靠左的位置和靠右的位置分别单击进行添加色标操作，设置颜色值均为 RGB（204，30，31），如图 1-75 所示。

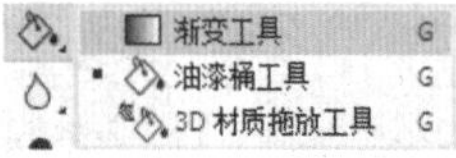

图 1-73　菜单选项

图 1-74 “点按可编辑渐变”按钮

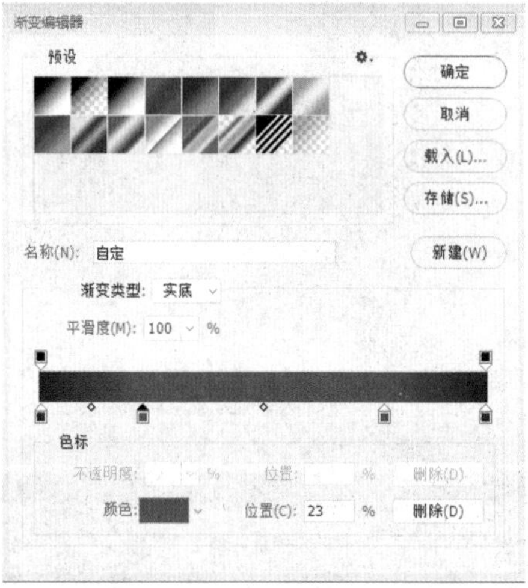

图 1-75 “渐变编辑器”设置

Step 03 按住【Shift】键的同时，拖动鼠标自画面顶部至底部拉一条直线，即可填充渐变，效果如图 1-76 所示。

Step 04 打开素材库中的“素材—花纹”图片。选择“选择”→“色彩范围”命令，打开“色彩范围”对话框，如图 1-77 所示。设置颜色容差为“200”，选择花纹，单击“确定”按钮。选择"移动工具"将花纹拖至新建文件中，按【Ctrl+I】组合键，使花纹变为白色。在图层控制面板中，设置图层混合模式为"叠加"，效果如图1-78所示。

图1-76 填充渐变后效果

图1-77 "色彩范围"设置

图1-78 添加花纹后效果

Step 05 打开素材库中的"素材—礼花"图片，选择工具箱中"移动工具"，将图片拖至新建文件中，成为"图层2"。选择"编辑"→"变换"→"水平翻转"命令，效果如图1-79所示。

Step 06 打开素材库中的"素材—天安门"图片，将图片拖至新建文件中，成为"图层3"。在图层控制面板中，右击该图层，在弹

出的快捷菜单中选择"混合选项"命令，打开"图层样式"对话框，勾选"外发光"复选框，设置扩展为"15%"，大小为"20"像素。单击等高线图标右边的小三角，在下拉菜单中选择"锥形—反转" ，如图1-80所示，画面效果如图1-81所示。

图1-79 添加礼花并翻转后效果

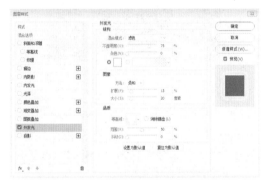

图1-80 "外发光"设置

图1-81 设置外发光后效果

Step 07 打开素材库中的"素材—华表"图片，将图片拖至新建文件中，成为"图层4"。在图层控制面板中，右击该图层，在弹出的快捷菜单中选择"混合选项"命令，打开"图层样式"对话框，勾选"投影"复选框，设置距离为"5"像素，扩展为"10%"，大小为

项目一

项目二

项目三

项目四

项目五

项目六

项目七

"10"像素，如图 1-82 所示。画面效果如图 1-83 所示。

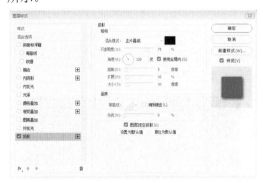

图 1-82 "投影"设置

图 1-83 设置投影后效果

Step 08 选择工具箱中的"横排文字工具"T.，在画面上单击，输入文字"祝福祖国"。在选项栏中设置字体为"华文新魏"，大小为"55 点"，颜色值为 RGB（255，204，0）。画面效果如图 1-84 所示。

图 1-84 添加"祝福祖国"文字后效果

Step 09 选择工具箱中的"横排文字工具"T.，在画面上单击，输入文字"繁荣昌盛"。在选项栏中设置字体为"华文行楷"，大小为"100 点"，颜色值为 RGB（255，204，0）。单击选项栏中的"显示 / 隐藏字符和段落调板"按钮，打开字符调板，设置文字"繁荣昌盛"为"仿粗体"T、"仿斜体"T、字距 VA 为"-50"，如图 1-85 所示。

图 1-85 "字符"设置

Step 10 在图层控制面板中，右击"繁荣昌盛"图层，在弹出的快捷菜单中选择"混合选项"命令，打开"图层样式"对话框，勾选"投影"复选框，设置不透明度为"50%"，扩展为"10%"，大小为"10"像素，如图 1-86 所示。勾选"斜面和浮雕"复选框，设置样式为"浮雕效果"，方法为"平滑"，深度为"50%"，大小为"10"像素，如图 1-87 所示。勾选"渐变叠加"复选框，单击"点按可渐变编辑"按钮，设置"橙，黄，橙渐变"渐变样式，设置缩放为"80%"，单击"确定"按钮，如图 1-88 所示。画面效果如图 1-89 所示。

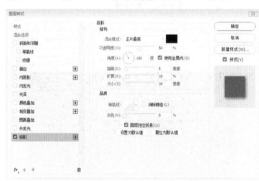

图 1-86 "投影"设置

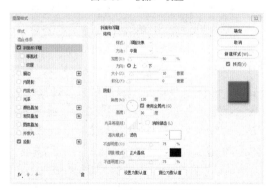

图 1-87 "斜面和浮雕"设置

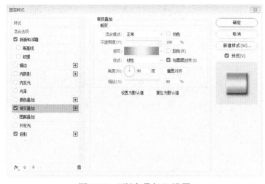

图1-88　"渐变叠加"设置

图1-89　添加"繁荣昌盛"文字后效果

Step 11 打开素材库中的"素材—礼花"图

片，选择工具箱中的"矩形选框工具" ，在画面上拖动选择一个小礼花，使用"移动工具"将其拖至"欢度国庆"文件中置于画面右上方，成为"图层5"。在图层控制面板中，设置该图层不透明度为"80%"，最终完成效果图。

5. 技巧点拨

1）图像的填充

（1）使用"油漆桶工具"填充。选择工具箱中的"油漆桶工具" ，选择一种前景色，在选项栏中可选择使用前景色或图案进行填充，可选择混合模式，设置"不透明度"和"容差"（容差范围为0～255）。"消除锯齿"选项可使填充选区的边缘平滑，"连续的"选项表示仅填充与鼠标单击处像素邻近的像素，"所有图层"选项表示填充所有可见图层中的合并颜色，如图1-90和图1-91所示。

图1-90　前景或图案填充设置

图1-91　"油漆桶工具"选项栏

注意：若不想填充透明区域，在图层控制面板中，选择"锁定透明像素"按钮 ，如图1-92所示。

图1-92　锁定透明像素设置

（2）使用"填充"命令。选择一种前景色，选择"编辑"→"填充"命令，或按【Shift+F5】组合键，打开"填充"对话框，如图1-93所示。在"内容"下拉菜单中，"前景色""背

景色""黑色""50%灰色""白色"指使用指定颜色填充选区；"颜色"指从拾色器中选择颜色进行填充；"内容识别"指利用选区周围综合性的细节信息来创建一个填充区域，从而将图片的选区中的物体替换或移除不需要的物体；"图案"指使用图案进行填充；"历史记录"指将选区恢复至历史记录面板中设置的原始图像状态或快照，如图1-94所示。同时设置"混合模式"和"不透明度"。

图1-93　"填充"设置

项目一　项目二　项目三　项目四　项目五　项目六　项目七

项目一
项目二
项目三
项目四
项目五
项目六
项目七

图 1-94 "内容"菜单

2）图像的描边

"描边"命令可为选区、路径或图像添加彩色边框。选择一种前景色，选择"编辑"→"描边"命令，打开"描边"对话框，如图 1-95 所示。设置描边的"宽度"与"颜色"，以及描边的"位置"、"模式"和"不透明度"。

图 1-95 "描边"对话框

1.3.2 应用模式——"元宵节"公共招贴画

● 1. 任务效果图（见图 1-96）

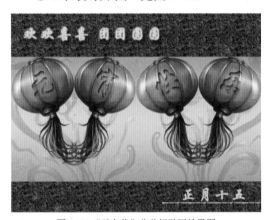

图 1-96 "元宵节"公共招贴画效果图

● 2. 关键步骤

Step 01 在图层控制面板中，双击"背景"图层，在弹出的"新建图层"对话框中单击"确定"按钮，成为"图层 0"。选择工具箱中的"油漆桶工具"为整个画面填充一个红色背景，勾选"图层样式"对话框中的"图案叠加"复选框，设置混合模式为"变暗"，如图 1-97 所示。选择"图案"下拉菜单右侧的 ❖ 出现，如图 1-98 所示的菜单，选择"图案"命令后在弹出的对话框中单击"追加"按钮，如图 1-99 所示。然后在图案中选择"星云"，画面效果如图 1-100 所示。

图 1-97 "图案叠加"设置

图 1-98 "图案"
追加菜单

图 1-99 提示对话框

图 1-100　设置图案叠加后效果

Step 02 选择工具箱中的"矩形工具" ▣，在画布中拉出一个长方形，勾选该图层"图层样式"对话框中的"渐变叠加"复选框，设置"橙，黄，橙渐变"渐变样式，角度为"90"度。画面效果如图 1-101 所示。

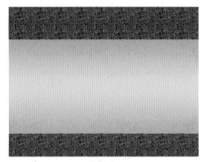

图 1-101　设置渐变叠加后效果

Step 03 打开素材库中的"素材—飘带"图片，选择工具箱中"移动工具"，将图片拖至新建文件中。在图层控制面板中，设置图层不透明度为"20%"，复制飘带图层，并进行水平翻转，效果如图 1-102 所示。

Step 04 选择工具箱中的"横排文字工具"，输入文字"元"，在其"图层样式"对话框中勾选"内阴影"复选框，设置角度为"120"度，距离为"3"像素，大小为"5"像素。文

字"宵""快""乐"的制作方法同上，画面效果如图 1-103 所示。

图 1-102　添加飘带后效果

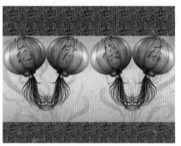

图 1-103　设置内阴影后效果

Step 05 选择工具箱中的"矩形工具" □，出现如图 1-104 所示的菜单，选择"直线工具" ╱。按住【Shift】键的同时，在画面上拖动，画出一条水平的直线。设置线条颜色值为 RGB（255，209，0）。在其"图层样式"对话框中勾选"描边"复选框，设置大小为"1"像素，位置为"外部"。添加招贴画上下的文字。

图 1-104　"形状工具"菜单

1.4　任务 4　商业招贴画制作

1.4.1　引导模式——"运动鞋"商业招贴画

◯ 1. 任务描述

利用"杂色滤镜"、"云彩滤镜"命令、"图层混合模式"设置等，制作一张以运动鞋为主题的、较为时尚简洁的商业招贴画。

◯ 2. 能力目标

① 能熟练运用"杂色滤镜"制作背景纹理；

② 能熟练运用"云彩滤镜"制作背景明暗效果；

项目
一

项目
二

项目
三

项目
四

项目
五

项目
六

项目
七

③ 能熟练运用"图层混合模式"对图层进行各种混合效果处理；

④ 能运用"画笔"面板对画笔形状、抖动进行设置，制作散落效果。

➡ 3. 任务效果图（见图 1-105）

图 1-105 "运动鞋"商业招贴画效果图

➡ 4. 操作步骤

Step 01 打开"新建文档"对话框，设置宽度为"600 像素"，高度为"800 像素"，分辨率为"72 像素 / 英寸"，颜色模式为"RGB 颜色"，名称为"运动鞋"。

Step 02 在图层控制面板中，双击"背景"图层，出现如图 1-106 所示的对话框，单击"确定"按钮，成为"图层 0"。选择"图层"→"图层样式"→"混合选项"命令，打开"图层样式"对话框，勾选"渐变叠加"复选框，单击"点按可编辑渐变"按钮，设置左侧色标颜色值为 RGB（59，59，59），右侧色标颜色值为 RGB（89，89，89），勾选"反向"复选框，如图 1-107 所示。

图 1-106 新建图层

Step 03 在图层控制面板中，单击"创建新图层"按钮 ⬚，双击"图层 1"文字，更改图层名称为"Star"，如图 1-108 所示。使

用"油漆桶工具"将该图层填充为黑色。选择"滤镜"→"杂色"→"添加杂色"命令，打开"添加杂色"对话框，如图 1-109 所示。设置数量为"10"%，分布为"高斯分布"，勾选"单色"复选框。选择"图像"→"调整"→"亮度 / 对比度"命令，打开"亮度 / 对比度"对话框，设置对比度为"30"。在图层控制面板中，设置该图层的混合模式为"叠加"。

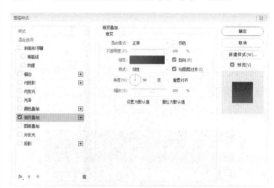

图 1-107 "渐变叠加"设置

图 1-108 图层名称设置

图 1-109 "添加杂色"设置

Step 04 在图层控制面板中，单击"创建新图层"按钮 ⬚，双击"图层 1"文字，更改

图层名称为"Cloud"。设置前景色为黑色，背景色为白色，选择"滤镜"→"渲染"→"云彩"命令。在图层控制面板中，设置该图层的混合模式为"叠加"，如图1-110所示。

图1-110 图层混合模式设置

Step 05 打开素材库中的"素材—云"图片，将图片拖至新建文件中，成为"图层1"，调整其位置及大小，如图1-111所示。在图层控制面板中，设置该图层的混合模式为"强光"，图层不透明度为"10%"。

图1-111 调整云的位置及大小

Step 06 打开素材库中的"素材—鞋"图片，将图片拖至新建文件中，成为"图层2"。选择"编辑"→"变换"→"旋转"命令，旋转鞋子使其头部朝右下方；使用"自由变换"命令缩小鞋子，并置于画面的中心。在图层控制面板中，设置该图层的混合模式为"变亮"。选择"图像"→"调整"→"色相/饱和度"命令，打开"色相/饱和度"对话框，设置饱和度为"-20"。画面效果如图1-112所示。

Step 07 选择工具箱中"魔棒工具" ，在选项栏中设置容差为"30"，选中"图层2"

鞋子下方的区域，如图1-113所示，按【Delete】键将所选区域删除，然后按【Ctrl+D】组合键取消选区。

图1-112 添加鞋子后效果

图1-113 "魔棒工具"选区

Step 08 打开素材库中的"素材—火焰"图片，选择工具箱中的"矩形选框工具" ，在图像上选择部分火焰，使用"移动工具"将其拖至新建文件中，成为"图层3"。使用"自由变换"命令，对火焰进行缩放、旋转，将其置于鞋头位置。在图层控制面板中，设置该图层的混合模式为"变亮"。使用"橡皮擦工具"，设置硬度为"0%"，将多余的火焰部分擦去。复制"图层3"3次，选择"图层"→"向下合并"命令，或按【Ctrl+E】组合键，合并3个火焰图层为1个图层，效果如图1-114所示。

Step 09 打开素材库中的"素材—烟"图片，将图片拖至新建文件中，成为"图层4"。使用"自由变换"命令调整烟的大小、角度与位置。在图层控制面板中，设置该图层的混合模式为"滤色"。复制"图层4"为"图层4拷贝"，调整色相为绿色，使用"自由

变换"命令调整其大小和位置。在图层控制
面板中，设置该图层的混合模式为"浅色"，
画面效果如图 1-115 所示。

图 1-114　添加火焰后效果

图 1-115　添加烟后效果

Step 10 新建图层，选择工具箱中的"画
笔工具"，设置画笔颜色为"白色"，不透
明度为"45%"。单击选项栏中的切换"画
笔设置"面板按钮，打开"画笔"面板，
选择"画笔笔尖形状"，设置笔尖大小为"9
像素"，硬度为"100%"，间距为"632%"，
如图 1-116 所示。选择"形状动态"复选框，
设置大小抖动为"50%"，控制为"钢笔压力"，
最小直径为"50%"，角度抖动为"50%"，
圆度抖动为"50%"，最小圆度为"25%"，
如图 1-117 所示。勾选"散布"复选框，设置
散布为"1000%"，控制为"关"，数量为"4"，
数量抖动为"100%"，控制为"钢笔压力"，
如图 1-118 所示。在鞋子周围进行绘制，添
加散落效果，画面效果如图 1-119 所示。

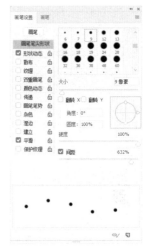

图 1-116　"画笔笔尖形状"设置

图 1-117　"形状动态"设置

图 1-118　"散布"设置

项目一

项目二

项目三

项目四

项目五

项目六

项目七

图 1-119　添加散落效果

Step 11 选择工具箱中的"横排文字工具"，在画面右上方输入文字"我运动 我时尚"，在选项栏中设置字体为"黑体"，大小为"18 点"，"仿粗体" **T**。设置文字"我"的颜色值为 RGB（255，111，64），文字"运"的颜色值为 RGB（255，153，0），文字"动"的颜色值为 RGB（255，204，51），文字"我"的颜色值为 RGB（242，175，50），文字"时"的颜色值为 RGB（255，161，45），文字"尚"的颜色值为 RGB（255，121，0）。复制一个文字图层副本，在图层控制面板中设置副本图层的不透明度为"40%"，使用"移动工具"将其向右下方微移，如图 1-120 所示，完成效果图。

图 1-120　文字图层副本微移后效果

5. 技巧点拨

1）杂色滤镜

杂色滤镜可添加或除去杂色，除去如灰尘和划痕等有问题的区域，或者创建纹理。选择"滤镜"→"杂色"命令，出现如图 1-121 所示菜单。

减少杂色…
蒙尘与划痕…
去斑
添加杂色…
中间值…

图 1-121　"杂色滤镜"菜单

（1）减少杂色。在保留物体边缘的同时减少杂色。

（2）蒙尘与划痕。更改不同的像素来减少杂色。通过设置"半径"与"阈值"来获得所要的效果。

（3）去斑。检测图像边缘并自动模糊边缘外的所有区域，在除去杂色的同时保留图像细节。

（4）添加杂色。添加随机像素于图像中。杂色分布设置有"平均分布"和"高斯分布"。

（5）中间值。设置像素选区的半径范围，除去差异太大的相邻像素，以消除或减少图像的动感效果。

2）渲染滤镜

渲染滤镜能够在画面中创建一些特殊光照效果或是三维效果。选择"滤镜"→"渲染"命令，出现如图 1-122 所示菜单。

火焰…
图片框…
树…

分层云彩
光照效果…
镜头光晕…
纤维…
云彩

图 1-122　"渲染滤镜"菜单

（1）火焰、树。可根据绘制的路径创建各种形态的火焰和树木，作为素材使用。

（2）图片框。可以产生不同类型的画框，如图 1-123 所示。

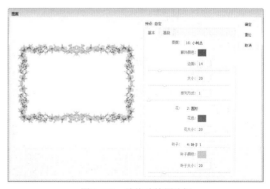

图 1-123　渲染滤镜图片框

（3）分层云彩。使用前景色与背景色之间的颜色值在图像中随机生成云彩图案。

（4）镜头光晕。模拟光照射到相机镜头所产生的折射。共有 4 种镜头类型，可拖动光晕中心位置及设置光晕亮度。

（5）纤维。使用前景色与背景色创建编织纤维的效果。"差异"指设置颜色的变化方式；"强度"指设置每根纤维的效果；"随机化"会改变图案的外观，可多次单击。

（6）云彩。使用前景色与背景色之间随机的颜色值生成云彩图案。

3）图层混合模式

使用图层混合模式可创建各种特殊的效果。选择一个图层，在图层控制面板中，单击"混合模式"下拉菜单，如图 1-124 所示。

图 1-124　图层"混合模式"下拉菜单

（1）正常。默认模式，为图像的原始色彩。

（2）溶解。混合结果由原始色彩或混合色的像素进行随机替换。

（3）变暗。选择原始色彩或混合色中较暗的颜色作为混合结果。

（4）正片叠底。将原始色彩与混合色进行正片叠底。

（5）颜色加深。增加对比度使原始色彩变暗，但是与白色混合不会产生变化。

（6）线性加深。减小亮度使原始色彩变暗，但是与白色混合后不会产生变化，如图 1-125 所示。

图 1-125　设置线性加深后效果

（7）深色。对比混合色和原始色彩所有通道值的总和，显示其值较小的颜色。

（8）变亮。选择原始色彩或混合色中较亮的颜色作为混合结果。

（9）滤色。选择混合色的互补色与原始色彩进行正片叠底，白色过滤后仍然为白色，如图 1-126 所示。

图 1-126　设置滤色后效果

（10）颜色减淡。减小对比度使原始色彩变亮，但是与黑色混合不会产生变化。

（11）线性减淡（添加）。增加亮度使原始色彩变亮，但是与黑色混合不会产生变化，如图 1-127 所示。

图 1-127　设置线性减淡后效果

（12）浅色。对比混合色和原始色彩的所有通道值的总和，显示其值较大的颜色。

（13）叠加。对原始色彩进行叠加混合。

（14）柔光。对原始色彩进行柔光混合。

（15）强光。对原始色彩进行强光混合。

（16）亮光。对原始色彩进行亮光混合，如图 1-128 所示。

图 1-128　设置亮光后效果

（17）线性光。对原始色彩进行线性光混合。

（18）点光。根据混合色替换颜色。

（19）实色混合。将红、绿、蓝色彩通道值添加到原始色彩的 RGB 值中，如图 1-129 所示。

图 1-129　设置实色混合后效果

（20）差值。从原始色彩中减去混合色，或从混合色中减去原始色彩。

（21）排除。与差值模式类似，但对比度较低，如图 1-130 所示。

图 1-130　设置排除后效果

（22）减去。原始色减去混合色，与差值模式类似，如果混合色与基色相同，那么结果色为黑色。

（23）划分。原始色彩分割混合色，颜色对比度较强。在划分模式下如果混合色与基色相同则结果色为白色，如混合色为白色则结果色为基色不变，如混合色为黑色则结果色为白色。

（24）色相。用原始色彩的亮度、饱和度与混合色的色相产生混合结果。

（25）饱和度。用原始色彩的亮度、色相与混合色的饱和度产生混合结果。

（26）颜色。用原始色彩的亮度与混合色的色相、饱和度产生混合结果。

（27）明度。用原始色彩的色相、饱和度与混合色的亮度产生混合结果。

1.4.2 应用模式——"休闲鞋"商业招贴画

➡ 1. 任务效果图（见图 1-131）

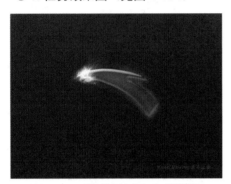

图 1-131 "休闲鞋"商业招贴画效果图

➡ 2. 关键步骤

Step 01 在图层控制面板中，双击"背景"图层，在弹出的"新建图层"对话框中单击"确定"按钮，成为"图层 0"。选择"图层"→"图层样式"→"混合选项"命令，打开"图层样式"对话框，勾选"渐变叠加"复选框，单击"点按可编辑渐变"按钮，设置左侧色标颜色值为 RGB（21，11，6），右侧色标颜色值为 RGB（50，28，15）。新建图层为"图层 1"，设置前景色为黑色、背景色为白色，选择"滤镜"→"渲染"→"云彩"命令，在图层控制面板中，设置图层混合模式为"颜色减淡"，效果如图 1-132 所示。

图 1-132 添加云彩后效果

Step 02 使用"橡皮擦工具"，硬度设置为"0%"，画笔尺寸选择较大一些的，保留画面中间的部分云彩，其余的擦除。

Step 03 打开素材库中"素材—安踏标志"图片，选择"移动工具"，将图片拖至文件中。在"图层样式"对话框中勾选"外发光"复选框，设置混合模式为"颜色减淡"，不透明度为"80%"，扩展为"18%"，大小为"18"像素，范围为"71%"。画面效果如图 1-133 所示。

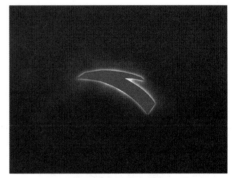

图 1-133 设置外发光后效果

Step 04 打开素材库中"素材—火焰"图片，选择"移动工具"，将图片拖至文件中。在图层控制面板中，设置图层混合模式为"滤色"，使用"橡皮擦工具"擦除多余的部分，然后复制火焰图层两次。画面效果如图 1-134 所示。

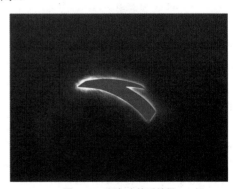

图 1-134 添加火焰后效果

Step 05 使用"橡皮擦工具"在安踏标志尾部单击一下,使该部分红色减弱,从而产生立体效果。画面效果如图 1-135 所示。

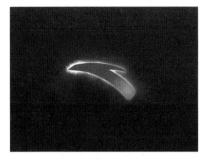

图 1-135 使用橡皮擦后效果

Step 06 选择安踏标志所在图层,选择样式右上角的 ≡ 按钮,选择"玻璃按钮"命令,如图 1-136 所示。在弹出的提示对话框中单击"追加"按钮。如果没有样式,选择"窗口"→"样式"命令,在出现的玻璃按钮缩略图中单击"洋红色玻璃",即可将安踏标志变为玻璃质感,如图 1-137 所示。选择"图层"→"图层样式"→"混合选项"命令,打开"图层样式"对话框,勾选"斜面和浮雕"复选框,设置大小为"10"像素,软化为"4"

像素,其余保持默认。勾选"内发光"复选框,单击"点按可编辑渐变"按钮,设置左侧色标值为 RGB(85,10,10)。勾选"颜色叠加"复选框,设置颜色值为 RGB(226,36,36),勾选"渐变叠加"复选框。

图 1-136 追加"玻璃按钮"   图 1-137 选择"洋红色
样式   玻璃"

1.5 任务 5 海报设计之流行元素

1.5.1 引导模式——像素风格图片海报

● 1. 任务描述

利用"马赛克滤镜"、"新建图案"、"新建填充图层"命令、"图层样式"设置等,制作一张以人物为主题的像素风格的图片海报。

● 2. 能力目标

① 能熟练运用"马赛克滤镜"制作马赛克效果;

② 能熟练运用"新建图案"制作像素块;

③ 能熟练运用"新建填充图层""新建调整图层"命令对图层色彩进行处理;

④ 能运用"图层样式"面板进行图层样式的设置。

● 3. 任务效果图(见图 1-138)

图 1-138 像素风格图片海报效果图

○ 4. 操作步骤

Step 01 打开素材库中的"素材—人物"图片，按【Ctrl+J】组合键复制背景图层为"图层 1"。在图层控制面板中，选中"图层 1"，右击，在弹出的快捷菜单中选择"转换为智能对象"命令，如图 1-139 所示。

图 1-139　转换为智能对象

Step 02 选择"滤镜"→"像素化"→"马赛克"命令，打开"马赛克"对话框，设置单元格大小为"30"方形，如图 1-140 所示。图片效果如图 1-141 所示。

图 1-140　"马赛克"设置

图 1-141　设置马赛克后效果

Step 03 新建文件，设置宽度和高度均为"30"像素，分辨率为"72"像素 / 英寸。新建图层为"图层 1"，选择"编辑"→"填充"命令，在弹出的对话框中将内容选择为"50%灰色"，如图 1-142 所示。

图 1-142　"填充"设置

Step 04 选择工具箱中的"椭圆工具"○.，在选项栏中设置颜色值为 RGB（255，255，255），在画布上单击，出现"创建椭圆"对话框，设置宽度与高度均为"20 像素"，勾选"从中心"复选框，如图 1-143 所示。调整圆形位于矩形的中间，如图 1-144 所示。

图 1-143　"创建椭圆"对话框　图 1-144　增加椭圆效果

Step 05 双击"椭圆 1"图层，打开"图层样式"对话框，在混合选项中将填充不透明度设置为"0%"，如图 1-145 所示。

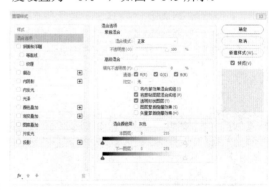

图 1-145　图层混合选项设置

Step 06 勾选"斜面和浮雕"复选框，设置样式为"内斜面"，方法为"雕刻清晰"，大小为"2"像素，软化为"0"像素，高光模式为正常，颜色为白色，不透明度为"75%"，阴影模式为"叠加"，颜色为黑色，不透明度为"75%"，如图 1-146 所示。画面效果如图 1-147 所示。

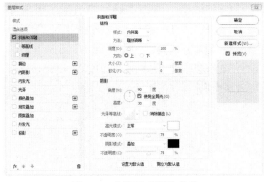

图 1-146　"斜面与浮雕"设置

图 1-147　设置斜面与浮雕后效果

Step 07 勾选"投影"复选框，设置混合模式为"叠加"，不透明度为"100%"，距离为"0"像素，大小为"3"像素，如图 1-148 所示。画面效果如图 1-149 所示。

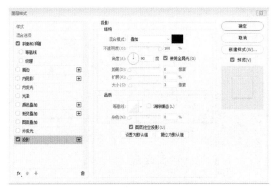

图 1-148　"投影"设置

图 1-149　设置投影后效果

Step 08 双击"背景"图层，将其转换成"图层 0"，再次双击该图层，打开"图层样式"对话框，勾选"斜面和浮雕"复选框，设置样式为"内斜面"，方法为"雕刻清晰"，大小为"1"像素，软化为"0"像素，如图 1-150 所示。画面效果如图 1-151 所示。

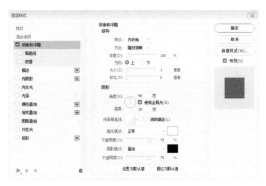

图 1-150　图层 0 "斜面与浮雕"设置

图 1-151　设置图层 0 斜面与浮雕后效果

Step 09 选择"编辑"→"定义图案"命令，在弹出对话框中输入图案名称为"像素块"，如图 1-152 所示。

图 1-152　定义图案

Step 10 返回前面人物所在文件，选择"图层"→"新建填充图层"→"图案…"命令，打开"新建图层"对话框，如图 1-153 所示，单击"确定"按钮，出现如图 1-154 所示对话框，再次单击"确定"按钮。图层控制面板如图 1-155 所示，画面效果如图 1-156 所示。

图 1-153　新建填充图层

图 1-154　图案填充

图 1-155　图案填充后图层控制面板

图 1-156　图案填充后效果

Step 11 将"图案填充 1"图层的混合模式改为"线性光"，画面效果如图 1-157 所示。

图 1-157　设置线性光后效果

Step 12 选择"图层"→"新建调整图层"→"色调分离…"命令，打开如图 1-158

所示的对话框，单击"确定"按钮，出现如图 1-159 所示的对话框，调整色阶为"8"。然后将该图层移到"图案填充 1"图层下方，设置其图层混合模式为"明度"。图层调整后效果如图 1-160 所示。

图 1-158　色调分离

图 1-159　"色阶"设置

图 1-160　图层调整后效果

Step 13 选择"图层"→"新建填充图层"→"纯色…"命令，打开"新建图层"对话框，单击"确定"按钮。然后设置 HSB 为（69 度，49%，89%），图层混合模式为"饱和度"，如图 1-161 所示。图层控制面板最终效果如图 1-162 所示，完成画面效果图。

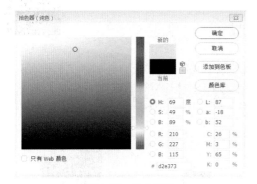

图 1-161　纯色填充

图 1-162　图层控制面板最终效果

⊙ 5. 像素艺术风格介绍

像素风格是一种以"像素"（Pixel）为基本单位进行绘制的艺术风格，强调清晰的轮廓、明快的色彩，通常造型较为卡通。像素单位可以是二维也可以是三维，以方形、圆形为基本图形。早期的像素风格作品基本来源于 8 位游戏，如图 1-163 所示的超级玛丽像素图。后来像素风格也延伸至三维立体形态中，如图 1-164 中的乐高模块化玩具广告等。

图 1-163　超级玛丽像素图

从 20 世纪 80 年代开始，像素风格逐渐流行起来，目前正经历着二次复兴，在广告、

时尚、影视等流行文化中再次获得年轻群体的拥护与认可。如 2015 年由索尼公司发行的电影《像素大战》（见图 1-165），纽约艺术家 Adam Lister 的绘画作品（见图 1-166），Cartoon Network 与 Le Cube 联手创作的卡通作品《OK K.O.!》（见图 1-167）等。

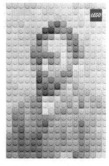

图 1-164　乐高广告

图 1-165　《像素大战》电影海报

图 1-166　Adam Lister 绘画作品

图 1-167　卡通作品《OK K.O.!》中的角色

1.5.2 应用模式——像素风格文字海报

● 1. 任务效果图（见图 1-168）

图 1-168 像素风格文字海报效果图

● 2. 关键步骤

Step 01 新建文件，设置宽度为 50 像素，高度为 17 像素，分辨率为 72 像素 / 英寸。选择文字工具，宋体，12 点，无，不加粗。输入文字"SUPER"，然后把画布放大到 3200%，可以清楚地看到文字的像素块构成方式，作为后面搭建图案的参考，如图 1-169 所示。

SUPER

图 1-169 参考图案

Step 02 新建文件，设置宽度为 1200 像素，高度为 800 像素，分辨率为 150 像素 / 英寸。选择"矩形工具"，绘制宽度为 25 像素、高度为 40 像素、颜色值为 RGB（195，40，25）的矩形，为"矩形 1"图层。将该图层复制两次，得到复制图层，修改"矩形 1 拷贝"的颜色为 RGB（133，37，28），修改"矩形 1 拷贝 2"的颜色为 RGB（247，153，144），选择移动工具，按住【Shift】键的同时移动矩形，注意两个矩形之间不要留缝隙，如图 1-170 所示。

Step 03 选择"矩形 1 拷贝"图层，按【Ctrl+T】组合键，在选项栏设置垂直斜切 V 为"30"度 V: 30.00 度，按【Enter】键确认，并将其与矩形 1 右侧对齐。选择"矩形 1 拷贝 2"图层，按【Ctrl+T】组合键，按住【Ctrl】键的同时拖动矩形上面两个点，制作一个立体块，效果如图 1-171 所示。

Step 04 同时选中"矩形 1""矩形 1 拷贝""矩形 1 拷贝 2"图层，将它们转换为智能对象，复制多个立方体图层，参考效果图的文字图案进行立体像素字的摆放，例如，字母"S"完成造型后的效果如图 1-172 所示。

图 1-170 3 个矩形的位置　　图 1-171 立体块制作

图 1-172 S 字造型

注意：摆放的顺序应从右至左，从下至上，以免立体块遮挡的效果出现错误。立体块之间的空隙大小为 2 像素，可以按两次键盘上的移动光标键。

Step 05 选择组成"S"字母的所有图层，按图层控制面板下方的新建组按钮，修改组名为"S"。其余文字采用同样方式进行绘制并加入其他组，图层控制面板如图 1-173 所示，效果图如 1-174 所示。

图 1-173 所有字母完成后图层控制面板

SUPER

图 1-174 所有字母完成后效果图

Step 06 选择组"S"，使用斜切等方式对字母进行变形并排列，如图 1-175 所示。

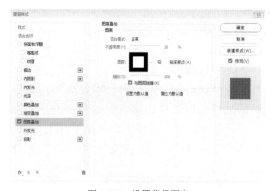

图1-175　所有字母变形后效果图

Step 07 新建文件，设置宽度、高度均为5像素，分辨率为150像素/英寸。按【Ctrl+A】组合键，选择"编辑"→"描边"命令，设置颜色为值RGB（0，0，0），位置为"居内"。选择"编辑"→"定义图案"命令，设置图案名称为"黑色描边"。

Step 08 返回文字制作文件，在背景图层上新建图层，填充为白色。双击该图层打开"图层样式"对话框，勾选"图案叠加"复选框，图案中选择刚才保存的定义图案"黑色描边"，设置混合模式为"正常"，不透明度为"20%"，缩放为"200%"，如图1-176所示。

图1-176　设置背景图案

Step 09 选中"S"组，双击打开"图层样式"对话框，勾选"描边"复选框，设置大小为"10"像素，位置为"外部"，用同样的方法为剩余字母进行描边，并调整字母之间的距离，以保证描边之间互不遮挡。最后绘制多个正方形，将其布局在字母周围，完成效果图。

1.6　实践模式——儿童个人海报设计

相关素材

根据素材制作两张儿童的个人海报，制作要求如下。

（1）根据儿童的一张照片（素材1-1）进行制作，尽量选择画面中已有的颜色进行搭配，这样能够使整个画面色彩更为协调统一。儿童的名字与其他字体之间的主次关系可通过字体大小、颜色进行区分，明星名字可添加阴影、外发光等效果从而达到突出的目的。参考效果如图1-177所示。

素材1-2　儿童照片2

素材1-1　儿童照片1

图1-177　参考效果图1

（2）根据儿童的8张个人照片（素材1-2）进行合理搭配，可以通过添加描边效果、调节图层的不透明度等方式来处理图片与图片之间的拼接，添加文字及颜色、形状等不同的效果给海报增加装饰。参考效果如图1-178

图1-178　参考效果图2

所示。

项目一

项目二

项目三

项目四

项目五

项目六

项目七

知识扩展

1. 海报的定义

海报是一种传递信息的设计载体，是一种随处可见的宣传手段。无论是在商场、街头，还是在网络、媒体上，海报以其大众化、广而告之的特性诠释着人们生活的方方面面。海报设计的总体要求是醒目和达意。大部分海报包含时间、地点、标题、详情等内容，以最简洁形象的画面传达相关主题内容。随着技术的发展，如今的海报设计早已摆脱传统手绘的制约，而是基于计算机软件制作向着更为广阔和多元化的方向发展。

2. 海报的分类

海报按应用方向大致可以分为商业海报、文体海报、公益海报和政治海报等，具体内容如下。

（1）商业海报。商业海报是指宣传某种商品或某种商业服务，从而达到某种商业利益的海报，如图 1-179 所示。设计商业海报时需要考虑到商家的广告意图及消费群体的感知和感受。

图 1-179　可口可乐海报

（2）文体海报。文体海报是指宣传各种社会文化、体育活动的海报，如美术展海报、音乐节海报、电影海报等，如图 1-180 所示。设计这类海报时需要了解此活动的时间、地点、注意事项等，运用相应的风格展现活动的内容。

（3）公益海报。公益海报对于人们的生活、社会和谐发展，具有重要的指导意义和教育意义，包括公益宣传、道德宣传、政治思想宣传等，如图 1-181 所示。在设计时，应以常见的事物作为元素引起观众的共鸣，并大力强调宣传主题，强化宣传内容。

图 1-180　《哈利·波特》系列电影海报

图 1-181　公益海报

（4）政治海报。政治海报是国家机关传播政治思想、政治理念的一种工具，旨在提高广大人民群众或相关人员的思想觉悟，如图 1-182 所示。设计时应保持庄重严肃的风格，并将主题内容清晰地展现出来。

图 1-182　社会政治海报

3. 海报的特点

（1）尺幅大。受环境及多种因素的影响，海报通常以大尺幅的形式展现在公众面前，常见的尺寸有全开、对开、八张全开等。

（2）醒目。为了能够在第一时间抓住行色匆匆的人们，海报通常在设计中会着重突出某些商标、标志、文字及图画等，往往会采用对比度较为明显的色彩，或进行大量的留白，甚至选用一些时下流行的话语作为视觉焦点，抓住人们的眼球，如图1-183所示。

图1-183 防水睫毛膏产品海报

（3）艺术效果丰富。在海报设计中，我们可以利用摄影、绘画、电脑特效等多种手段进行主题的表现，并且采用夸张、拟人、比喻、联想等多种设计手法，将相关内容以真实、幽默、讽刺、怪异的方式展现给受众，如图1-184所示。

图1-184 耳麦产品海报

4. 海报设计的其他注意点

（1）内容要精炼，切不可烦琐冗长，如图1-185所示。

正确 **错误**

图1-185 内容精炼

（2）字体种类不宜过多，标题文字要醒目，如图1-186所示。

正确 **错误**

图1-186 字体类型适当

（3）通常以图片为主，文字为辅，如图1-187所示。

正确 **错误**

图1-187 海报设计以图片为主

1.7 知识点练习

一、填空题

1. 使用"自由变换工具"的组合键是_____。

2. 图像分辨率的单位是_____。

3. 在Photoshop中，创建、打开、打印文件的组合键分别是_____、_____、_____。

二、选择题

1. 在Photoshop中将前景色和背景色恢复为默认颜色的快捷键是（　　）。

A.【D】　　　　　B.【X】

C.【Tab】　　　　D.【Alt】

2. 如果想绘制直线的画笔效果，应按住（　　）键。

A．【Ctrl】　　　　B．【Shift】

C．【Alt】　　　　D．【Alt+Shift】

3. 下面对"模糊工具"功能的描述中，正确的是（　　）。

A．"模糊工具"只能使图像的一部分边缘模糊

B．"模糊工具"的强度是不能调整的

C．"模糊工具"可降低相邻像素的对比度

D．如果在有图层的图像上使用"模糊工具"，只有所选中的图层才会起变化

4. 下面可以减少图像的饱和度的工具是（　　）。

A．"加深工具"

B．"锐化工具"（正常模式）

C．"海绵工具"

D．"模糊工具"（正常模式）

5. 使用"云彩"滤镜时，在按住（　　）键的同时选取"云彩"命令，可生成对比度更明显的云彩图案。

A．【Alt】

B．【Ctrl】

C．【Ctrl+Alt】组合

D．【Shift】

6. 下面的（　　）滤镜可以用来去掉扫描的照片上的斑点，使图像更清晰。

A．模糊—高斯模糊

B．艺术效果—海绵

C．杂色—去斑

D．素描—水彩画笔

三、判断题

1. "色彩范围"命令用于选取整个图像中的相似区域。　　　　（　　）

2. 保存图像文件的是【Ctrl+D】组合键。　　　　　　　　　（　　）

3. 在拼合图层时，会将暂不显示的图层全部删除。　　　　　（　　）

项目二 照片后期处理

婚纱照处理、老照片处理、残损照片处理都是我们日常生活中常常会用到的图片处理方式。由于设备的不理想、环境的不理想，以及个性化特征等，拍出的照片往往不能满足要求，这时对日常图片的基本处理和艺术化处理就显得尤为重要了。图像的完整、构图的美观、色调的统一，以及画面的风格感觉，都是影响一张图片好坏的重要因素。因此要通过运用画面修复、裁剪构图、色调调整、对比度处理、图片合成等手段让照片达到最佳状态。

2.1 任务 1 婚纱照制作

2.1.1 引导模式——浪漫时尚婚纱照制作

➋ 1. 任务描述

利用"色相/饱和度工具""盖印图层"等完成一张婚纱照的制作。

➋ 2. 能力目标

① 能熟练运用"色相/饱和度工具"调整照片的色彩与饱和度；

② 能熟练运用"色阶工具"调整照片的明度；

③ 能熟练运用"可选颜色工具"调整图片的色彩；

④ 能熟练运用"盖印图层"命令产生图层合并效果。

➋ 3. 任务效果图（见图 2-1）

图 2-1 "浪漫时尚婚纱照"效果图

➋ 4. 操作步骤

Step 01 选择"文件"→"打开"命令，或按【Ctrl+O】组合键，打开素材库中"素材—浪漫时尚婚纱照"图片，如图 2-2 所示。

图 2-2 "素材—浪漫时尚婚纱照"图片

Step 02 在图层控制面板中，选中"背景"图层，右击，在弹出的快捷菜单中选择"复制图层"命令，生成"背景 拷贝"图层，如图 2-3 所示。选择"滤镜"→"模糊"→"高斯模糊"命令，设置半径为"4"像素，如图 2-4 所示。在图层控制面板中，设置"背景 拷贝"图层的混合模式为"正片叠底"，如图 2-5 所示。

图 2-3 复制背景图层

项目一

项目二

项目三

项目四

项目五

项目六

项目七

项目一

项目二

项目三

项目四

项目五

项目六

项目七

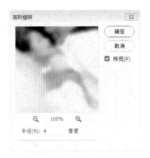

图 2-4 "高斯模糊"参数设置

图 2-5 "正片叠底"设置

Step 03 选择"图像"→"调整"→"色阶"命令，打开"色阶"对话框，对照片的色调进行整体调整，设置输入色阶分别为"0""1.7""246"，如图 2-6 所示。

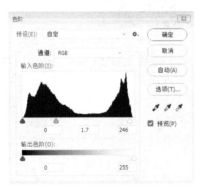

图 2-6 "色阶"设置

Step 04 在图层控制面板中，单击"创建新图层"按钮 🔲 ，新建"图层 1"图层，如图 2-7 所示。按【Ctrl+Alt+Shift+E】组合键进行"盖印图层"命令。盖印后的图层控制面板如图 2-8 所示。可以看到历史记录面板中出现了盖印可见图层的记录，如图 2-9 所示。选择"滤镜"→"锐化"→"智能锐化"命令，打开"智能锐化"对话框，设置数量为"80%"，半径为"1.0"像素，移去为"高斯模糊"，如图 2-10 所示。

图 2-7 新建一个空白图层

图 2-8 盖印后的图层控制面板

图 2-9 历史记录面板状态

图 2-10 "智能锐化"设置

Step 05 选择"图像"→"调整"→"可选颜色"命令，打开"可选颜色"对话框。

选择颜色"红色"，设置青色为"-13%"，洋红为"-6%"，黄色为"0%"，黑色为"-45%"，如图 2-11 所示。

选择颜色"黄色"，设置青色为"0%"，洋红为"-57%"，黄色为"0%"，黑色为"-47%"，如图 2-12 所示。

选择颜色"绿色"，设置青色为"-51%"，洋红为"-23%"，黄色为"30%"，黑色为"-11%"，如图 2-13 所示。

图 2-11 可选颜色"红色"设置

图 2-12 可选颜色"黄色"设置

图 2-13 可选颜色"绿色"设置

选择颜色"青色"，设置青色为"-11%"，洋红为"-37%"，黄色为"20%"，黑色为"+26%"，如图 2-14 所示。

选择颜色"洋红"，设置青色为"86%"，洋红为"54%"，黄色为"38%"，黑色为"22%"，如图 2-15 所示。

选择颜色"蓝色"，设置青色为"31%"，洋红为"18%"，黄色为"71%"，黑色为"-19%"，如图 2-16 所示。

图 2-14 可选颜色"青色"设置

图 2-15 可选颜色"洋红"设置

图 2-16 可选颜色"蓝色"设置

选择颜色"白色"，设置青色为"-24%"，洋红为"-24%"，黄色为"10%"，黑色为"17%"，如图 2-17 所示。

图 2-17 可选颜色"白色"设置

选择颜色"中性色"，设置青色为"-27%"，洋红为"-21%"，黄色为"-26%"，黑色为"-24%"，如图 2-18 所示。

图 2-18　可选颜色"中性色"设置

选择颜色"黑色"，设置青色为"0%"，洋红为"0%"，黄色为"-12%"，黑色为"0%"，如图 2-19 所示。

图2-19　可选颜色"黑色"设置

最终画面效果如图 2-20 所示。

图 2-20　处理可选颜色后效果图

Step 06 选择"图像"→"调整"→"色相／饱和度"命令或按【Ctrl+U】组合键，打开"色相／饱和度"对话框，设置饱和度为"-19"，如图 2-21 所示。在图层控制面板，单击"创建新图层"按钮，新建"图层 2"。

按【Ctrl+Alt+Shift+E】组合键进行盖印图层，盖印后的图层控制面板，如图 2-22 所示。

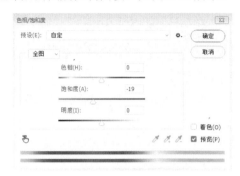

图 2-21　"色相／饱和度"设置

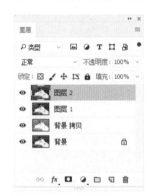

图 2-22　盖印后的图层控制面板

Step 07 单击工具箱中"矩形选框工具" 右下角的三角箭头，选择"椭圆选框工具"，设置羽化值为"45"像素，选中人物，创建的椭圆选区如图 2-23 所示。

图 2-23　创建椭圆选区

Step 08 选择"图像"→"调整"→"色阶"命令，设置输入色阶分别为"0""1.00""240"，如图 2-24 所示。按【Ctrl+D】组合键取消选区。这样做的目的是突出人物。

Step 09 选择"图像"→"调整"→"照片滤镜"命令，设置颜色值为 RGB（255，245，174），如图 2-25 所示。设置浓度为"14%"，如图 2-26 所示。选择"图像"→"调整"→"色相／饱和度"命令，设置色相为"0"，饱和度为"-16"，明度为"0"，如图2-27所示。

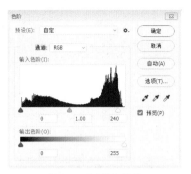

图2-24 "色阶"设置

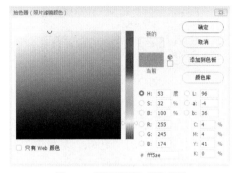

图2-25 "照片滤镜"颜色设置

图2-26 "照片滤镜"设置

图2-27 "色相／饱和度"设置

Step 10 在图层控制面板中，单击"创建新图层"按钮，新建"图层3"。选择工具箱中的"渐变工具"，在渐变编辑器中设置左侧颜色为RGB（216，105，142），右侧颜色为RGB（167，194，166），效果如图2-28

所示。在选项栏中设置"线性填充"，在画布中自上而下拉出一条垂直线，填充后效果如图2-29所示。在图层控制面板中，设置图层混合模式为"柔光"，如图2-30所示。设置图层不透明度为"60%"，如图2-31所示。最终效果如图2-32所示。

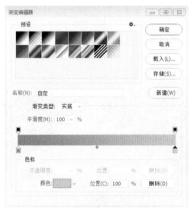

图2-28 "渐变编辑器"设置

图2-29 渐变填充效果

图2-30 图层混合模式设置

图 2-31　图层不透明度设置

图 2-32　最终效果图

● 5. 技巧点拨

在进行画面色调调整时，应注意对冷暖颜色对比关系的把握，突出主体人物，并通过调整色相、饱和度来降低背景的饱和度，使整个画面呈现出所需的色调。

1）色相

色彩调整方式主要用来改变图像的色相，如将红色变为蓝色、绿色变为紫色等。打开素材库中的"素材—花卉"图片，如图 2-33 所示，选择"图像"→"调整"→"色相 / 饱和度"命令，或按【Ctrl+U】组合键，打开"色相 / 饱和度"对话框，拖动色相滑竿即可改变整个画面的色相。对话框下方有两条色谱，上方的色谱是固定的，下方的色谱会随着色相滑竿的移动而改变，如图 2-34 所示。通过改变两个色谱的状态可以改变色彩的结果，如图 2-35 所示，图中红色的花变为绿色，绿叶则变为蓝色。

图 2-33　"素材—花卉"图片

图 2-34　"色相 / 饱和度"对话框

图 2-35　改变色相后效果

2）饱和度

饱和度可以控制图像色彩的浓淡程度。使用同样的方法打开"色相 / 饱和度"对话框，拖动饱和度滑竿即可改变整个画面的饱和度。改变饱和度时对话框下方的色谱也会随之改变。当饱和度调至最低时，图像即变为灰度图像。对灰度图像而言，改变色相是没有任何作用的。设置饱和度为"-100"时，如图 2-36 所示，花卉图片成为灰度图；如图 2-37、图 2-38 和图 2-39 所示，分别为设置饱和度为"-50"、"+50"和"+100"时的效果。

图 2-36　饱和度为"-100"时的效果

图 2-37　饱和度为"-50"时的效果

图 2-38 饱和度为 "+50" 时的效果

图 2-39 饱和度为 "+100" 时的效果

3）盖印图层

"盖印图层"是将图层进行合并，实现的结果与"合并图层"命令差不多，就是把图层合并在一起生成一个新图层。但与"合并图层"命令所不同的是，"盖印图层"是生成新的图层，被合并的图层依然存在，这样就不会破坏原有图层。倘若对盖印图层效果不满意，可以随时进行删除。

（1）新建一个文件，背景色为白色。

（2）选择"图层"→"新建"→"图层"命令，或按【Shift+Ctrl+N】组合键新建 3 个图层。

（3）在 3 个图层上分别绘制不同的效果，例如不同色彩的树叶，如图 2-40 至图 2-42 所示。

（4）同时选中这 3 个图层，按【Shift+Ctrl+Alt+E】组合键，即可得到盖印图层，如图 2-43 所示。

图 2-40 绿色树叶图层

图 2-41 褐色树叶图层

图 2-42 红色树叶图层

注意：需使 3 个图层均处于显示状态方可得到盖印图层。

图 2-43 盖印图层

2.1.2 应用模式——清新休闲婚纱照制作

● 1. 任务效果图（见图 2-44）

图 2-44 "清新休闲婚纱照"效果图

● 2. 关键步骤

Step 01 打开素材库中的"素材—清新休闲婚纱照"图片，在图层控制面板中，选中"背景"图层，按【Ctrl+J】组合键复制图层成为"图层 1"，设置图层混合模式为"滤色"，如图 2-45 所示。选择"图层 1"，单击下方 按钮，添加图层蒙版，如图 2-46 所示。

Step 02 选择"图像"→"应用图像"命令，打开"应用图像"对话框，设置混合为"正常"，如图 2-47 所示。在图层控制面板中选择"图层 1"，选择"滤镜"→"模糊"→"高斯模糊"命令，打开"高斯模糊"对话框，设置半径为"10"像素，如图 2-48 所示。在图层控制面板中，选择"图层 1"，按【Ctrl+G】组合键添加一个组，为"组 1"，然后添加图层蒙版，如图 2-49 所示。

注意：制作高斯模糊时，选中的应是"图层 1"，而不是"图层 1"的图层蒙版。

图 2-48　"高斯模糊"设置　　图 2-49　添加组并添加图层蒙版

Step 03 选择"图像"→"应用图像"命令，打开"应用图像"对话框，设置混合为"正常"。为了使画面获得更加明亮的效果，可以将"图层 1"的混合模式设置为"滤色"。最终效果如图 2-50 所示。

图 2-45　复制图层　　　图 2-46　添加图层蒙版

图 2-47　"应用图像"设置

图 2-50　最终效果图

2.2　任务 2　老照片处理

2.2.1　引导模式——古城楼老照片处理

➲ 1. 任务描述

利用"照片滤镜""镜头模糊""颗粒滤镜"等命令完成一张古城楼的老照片处理。

➲ 2. 能力目标

① 能熟练运用"照片滤镜"命令调整图片的色温；

② 能熟练运用"镜头模糊"命令制作画面景深效果；

③ 能熟练运用"颗粒滤镜"命令产生粒状效果。

➲ 3. 任务效果图（见图 2-51）

图 2-51　"古城楼老照片处理"效果图

➊ 4. 操作步骤

Step 01 打开素材库中的"素材—城楼"图片，如图 2-52 所示。

Step 02 按【Ctrl+J】组合键复制图层成为"图层 1"，如图 2-53 所示。选择"图像"→"调整"→"渐变映射"命令，在如图 2-54 所示的"渐变映射"对话框中设置黑白渐变，效果如图 2-55 所示。

图 2-52 "素材—城楼"图片　　图 2-53 新建"图层 1"

图 2-54 "渐变映射"对话框

图 2-55 "渐变映射"设置效果

Step 03 选择"图像"→"调整"→"色阶"命令，在如图 2-56 所示的"色阶"对话框中设置输入色阶中间调为"0.8"，对画面进行色调的处理。

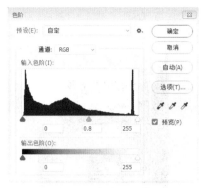

图 2-56 "色阶"对话框

Step 04 选择"图像"→"调整"→"曲线"命令，在如图 2-57 所示的"曲线"对话框中拖动曲线，设置输出为"255"，输入为"245"。

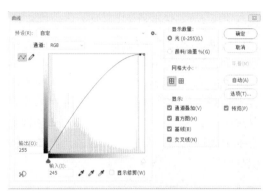

图 2-57 "曲线"对话框

Step 05 选择"图像"→"调整"→"照片滤镜"命令，打开"照片滤镜"对话框，设置颜色为 RGB（236，222，0），浓度为"30%"，勾选"保留明度"复选框，如图 2-58 所示。照片进行了色温调整，有微微发黄的效果。

图 2-58 "照片滤镜"对话框

Step 06 选择工具箱中的"矩形选框工具"，在其选项栏中设置羽化值为"150 像素"，如图 2-59 所示，使用"矩形选框工具"从照片中心开始拖动，创建一个选区，效果如图 2-60 所示。

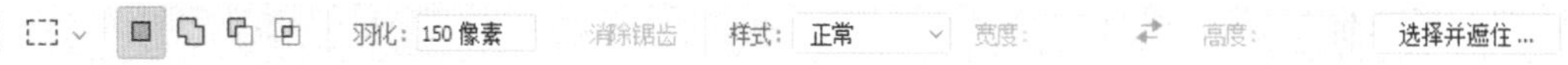

图 2-59 "矩形选框工具"选项栏

图 2-60 创建选区

Step 07 在画布上右击，在弹出的快捷菜单中选择"选择反向"命令，选区进行了反选。选择"滤镜"→"模糊"→"镜头模糊"命令，在对话框中勾选"更加准确"复选框，光圈形状为"三角形"，半径为"10"，叶片弯度为"30"，阈值为"255"，数量为"4"，分布选择"平均"单选按钮，勾选"单色"复选框，如图 2-61 所示，产生了以选区为中心的窄景深效果。在选区中右击，在弹出的快捷菜单中选择"取消选择"命令。

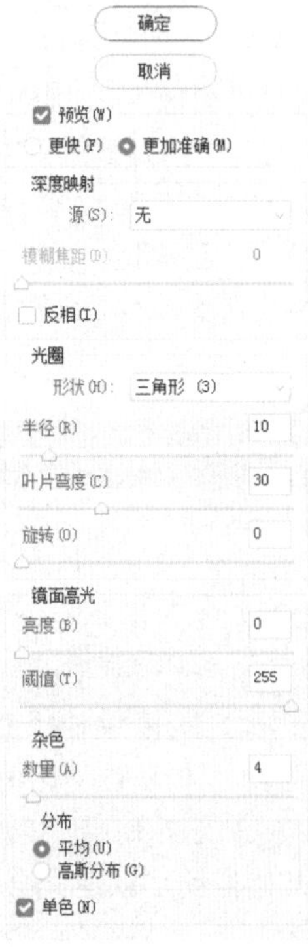

图 2-61 "镜头模糊"设置

Step 08 选择"滤镜"→"杂色"→"添加杂色"命令，在打开的对话框中设置数量为"3%"，勾选"高斯分布"单选按钮和"单色"复选框，如图 2-62 所示。

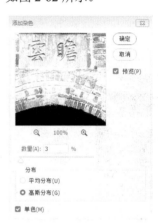

图 2-62 "添加杂色"对话框

Step 09 按【Ctrl+J】组合键复制一个新图层为"图层 1 拷贝"，选择"滤镜"→"滤镜库"→"纹理"→"颗粒"命令，设置强度为"12"，对比度为"70"，颗粒类型为"喷洒"，做出颗粒状效果，如图 2-63 所示。

图 2-63 "颗粒"参数设置

Step 10 在图层控制面板中，设置图层混合模式为"叠加"，不透明度为"50%"，如图 2-64 所示。

图 2-64 "叠加"图层混合模式

Step 11 打开素材库中的"素材—刮花"图片，并将其拖至城墙文件中，按【Ctrl+T】组合键，调整大小至覆盖整个图层并按【Enter】键确认。选择"图像"→"调整"→"色阶"命令，设置输入色阶中间色调为"0.6"。

Step 12 在图层控制面板中，设置图层混合模式为"变亮"，不透明度为"50%"，选择"图层"→"合并图层"命令，最终完成对照片的处理。

5. 技巧点拨

1）照片滤镜

照片滤镜是调整图片色温的工具，其工作原理是模拟在照相机的镜头前增加彩色滤镜，镜头会自动过滤掉某些暖色或冷色光，从而起到控制图片色温的效果。

（1）打开素材库中的"素材—蜥蜴"图片。

（2）选择"图像"→"调整"→"照片滤镜"命令。

（3）在弹出对话框中可以看到可有两种使用方式进行选择，第一种是自带的"滤镜"，包括"加温滤镜"3种、"冷却滤镜"3种，还有各种单色的滤镜，如图 2-65 所示；第二种方式是选择"颜色"进行自定义的颜色滤镜的添加。如图 2-66 所示是添加了"冷却滤镜（80）"后的效果。

图 2-66　添加"冷却滤镜（80）"滤镜后的效果

图 2-67　降低浓度后的滤镜效果

（5）取消勾选"保留明度"复选框，图片则会产生明度降低的效果。

2）镜头模糊

镜头模糊滤镜是将参照物的背景模糊化，这样可更加突出焦点，也使景色亮丽起来。

（1）打开素材库中的"素材—刺猬"图片。

（2）选择"滤镜"→"模糊"→"镜头模糊"命令。

（3）在弹出的对话框中可进行多个内容的设置。在深度映射源中可选择"无"、"透明度"和"图层蒙版"，如图 2-68 所示。同时可以通过半径、叶片弯度、旋转来调节光圈的形状，还可以设置镜面高光的亮度和阈值。如图 2-69 所示是增大半径后的模糊效果。

```
透明度
图层蒙版
```
图 2-68　深度映射源选项

（4）此外，还可根据需要添加杂色，如图 2-70 所示为增加杂色数量后的效果。

图 2-65 照片滤镜的选项：

```
加温滤镜（85）
加温滤镜（LBA）
加温滤镜（81）
冷却滤镜（80）
冷却滤镜（LBB）
冷却滤镜（82）
红
橙
黄
绿
青
蓝
紫
洋红
深褐
深红
深蓝
深祖母绿
深黄
水下
```
图 2-65　照片滤镜的选项

（4）修改"浓度"的百分比可以对滤镜的鲜艳程度进行调整，如图 2-67 所示为降低浓度后的滤镜效果。

图 2-69　增大半径后的　　图 2-70　添加杂色数量后的
　　　模糊效果　　　　　　　　模糊效果

3）场景模糊

（1）打开素材库中的"素材—展板"图片。

（2）选择"滤镜"→"模糊画廊"→"场景模糊"命令，画面中会出现一个控制点，如图 2-71 所示。

图 2-71　场景模糊控制点

（3）将鼠标放在画面上会出现如图 2-72 所示的图标，可在画面上添加多个模糊控制点，每个控制点均可以在设置面板中调节模糊大小，如图 2-73 所示。同时可以在模糊效果面板中调节光源散景、散景颜色、光照范围等，如图 2-74 所示。

图 2-72　添加控制点图标

图 2-73　"模糊工具"面板　　　图 2-74　"效果"面板

（4）可以多设置几个控制点，修改成不同模糊大小从而使画面产生较好的景深效果，更易于操作，效果如图 2-75 所示。

图 2-75　场景模糊后效果

4）光圈模糊

打开光圈模糊后，画面中间会出现许多控制点，如图 2-76 所示。可根据需求对画面中的所有控制点进行调节，并且能够移动控制点，而在控制面板中则与场景模糊的调节面板一样。画面调整效果如图 2-77 所示。

图 2-76　光圈模糊控制点　　图 2-77　光圈模糊后效果

5）倾斜偏移

打开倾斜偏移后，画面中间会出现多根控制线，如图 2-78 所示。可根据需求对画面中的控制线进行高度的调节，并且能够旋转控制线，而在控制面板中则与场景模糊、光圈模糊的调节面板一样。画面调整效果如图 2-79 所示。

图 2-78　倾斜偏移控制线

图 2-79　倾斜偏移后效果

2.2.2　应用模式——旧街巷老照片处理

⊙ 1. 任务效果图（见图2-80）

图2-80　"旧街巷老照片处理"效果图

⊙ 2. 关键步骤

Step 01 打开素材库中的"素材—老街"图片。新建图层，按【D】快捷键，设置前景色和背景色分别为黑色和白色，选择"滤镜"→"渲染"→"云彩"命令，设置云彩效果，如图2-81所示。

图2-81　云彩效果

Step 02 选择"滤镜"→"杂色"→"添加杂色"命令，设置数量为"20%"，勾选"高斯分布"单选按钮和"单色"复选框。在图层控制面板中，设置图层混合模式为"柔光"。

Step 03 新建图层，选择工具箱中"油漆桶工具"，设置填充颜色值为RGB（230，225，204）。在图层控制面板中，设置图层混合模式为"颜色"，效果如图2-82所示。

图2-82　添加杂色、图层混合效果

Step 04 选择"图层"→"新建调整图层"→"色阶"命令，设置输入色阶中间调为"0.6"。

Step 05 制作旧照片的划痕效果。再次新建图层，并制作黑白云彩。选择"滤镜"→"渲染"→"纤维"命令，差异可设置为"17"，强度为"15"，如图2-83所示。

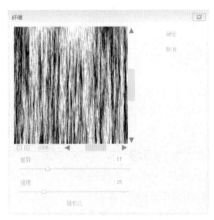

图2-83　"纤维"对话框

Step 06 选择"图像"→"调整"→"阈值"命令，设置阈值色阶为"15"，效果如图2-84所示。

图2-84　设置阈值色阶

Step 07 选择"图像"→"调整"→"色阶"命令，设置输出色阶高光为"200"，如图 2-85 所示。选择"滤镜"→"模糊"→"进一步模糊"命令。

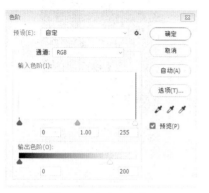

图 2-85 "色阶"对话框

Step 08 在图层控制面板中，设置图层混

合模式为"柔光"，不透明度为"70%"。新建图层，设置前景色为 RGB（229，229，229），背景色为 RGB（0，0，0），然后使用渐变工具在图层中填充一个径向渐变，效果如图 2-86 所示。最后把图层混合模式设置为"叠加"。

图 2-86 径向渐变效果图

2.3 任务 3 照片修复处理

2.3.1 引导模式——老照片上色修复

○ 1. 任务描述

利用"选取工具"、"调整图层工具"、"图层混合模式"等，进行老照片的上色处理。

○ 2. 能力目标

① 能熟练地配合使用多种"选取工具"来选择图像中的某些部分；

② 能熟练运用"调整图层工具"进行图层的上色处理；

③ 能熟练运用"图层混合模式"改善图片的叠加效果。

○ 3. 任务效果图（见图 2-87）

图 2-87 "老照片上色修复"效果图

○ 4. 操作步骤

Step 01 启动 Photoshop CC 2018，打开素材库中的"素材—人物老照片"图片，按【Ctrl+J】组合键复制图层成为"图层 1"。选择"图像"→"调整"→"去色"命令，将老照片发黄的颜色去掉。选择"图像"→"调整"→"亮度/对比度"命令，设置亮度为"20"，对比度为"15"，效果如图 2-88 所示。

图 2-88 去色调整后效果图

Step 02 按【Ctrl+J】组合键复制图层成为"图层 1 拷贝"，作为修复失误的副本进行备份。单击"图层 1 拷贝"，选择工具箱中

的"修补工具" ⚙.，按【Ctrl】键的同时按【+】键放大图片。在人物的额头上选择有斑点的区域，如图 2-89 所示。选中该区域，往旁边拖动到没有斑点且肤色基本相似的部位，松开鼠标，用此处的皮肤替换原来的，如图 2-90 所示。其余的脸上、背景处、衣服处用相同的方法处理，最终效果如图 2-91 所示。

图 2-89　选取额头斑点处

图 2-90　用无斑点处选区替换

图 2-91　瑕疵修复完后的效果

Step 03 选择工具箱中的"魔棒工具" ✐.，在其选项栏中单击"添加到选区"按钮 ▢.，设置容差为"5"，选择人物的背景区域。为了更好地进行选区的选取，特别是背景与人物交界处，可以放大图像并配合其他的选取工具进行选区的添加或删除。最终选区如图 2-92 所示。

图 2-92　选取选区

Step 04 在选项栏中单击 选择并遮住… 按钮，在打开的菜单中选择"边缘检测"命令。勾选"智能半径"选项，设置半径为"5 像素"，平滑为"3 像素"，如图 2-93 所示。

图 2-93　调整边缘参数设置

Step 05 在图层控制面板中，单击"创建新的填充或调整图层"按钮 ●.，新建"纯色"图层，设置颜色值为 RGB（206，216，231）。将图层混合模式设置为"正片叠底"。单击该图层的图层蒙版，选择工具箱中的"画笔工具"，分别选择黑色和白色画笔，对于人物轮廓部分误上色的地方进行修正。修改完成效果如图 2-94 所示。

图 2-94　背景上色后效果

Step 06 选择工具箱中的"椭圆选框工具"○.，在其选项栏中单击"添加到选区"按钮 ⬚，在人物的眼珠处绘制两个圆形。再选择工具箱中的"套索工具"，在其选项栏中单击"从选区减去"按钮 ⬚，去除多余的选区，最终获得人物眼珠的选区，如图 2-95 所示。

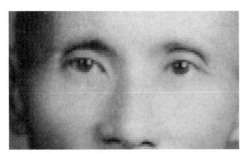

图 2-95　眼珠的选取

Step 07 在图层控制面板中，单击"创建新的填充或调整图层"按钮 ◐.，新建"纯色"图层，设置颜色值为 RGB（0，0，0）。设置图层混合模式为"柔光"，不透明度为"50%"。单击该图层的图层蒙版，选择工具箱中的"模糊工具"，对眼珠上色部分的边缘进行模糊处理。效果如图 2-96 所示。

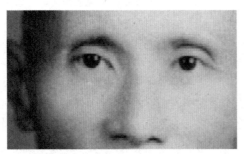

图 2-96　眼珠上色后效果

Step 08 参考以上步骤对人物的嘴唇进行上色处理，设置颜色值为 RGB（135，75，56），图层混合模式为"叠加"，不透明度为"70%"。对人物的皮肤进行上色处理，设置颜色值为 RGB（137，99，82），图层混合模式为"叠加"，不透明度为"75%"。对人物的头发进行上色处理，设置颜色值为 RGB（0，0，0），图层混合模式为"叠加"，不透明度为"40%"。对人物的衣服进行上色处理，设置颜色值为 RGB（44，42，129），图层混合模式为"叠加"，不透明度为"40%"。图层控制面板如图 2-97 所示，最终完成整个画面的上色效果。

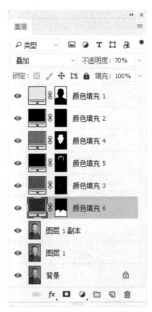

图 2-97　全部上色后的图层控制面板

5. 技巧点拨

1）打开"填充图层和调整图层"菜单

在图层控制面板中，单击"创建新的填充或调整图层"按钮 ◐.，弹出如图 2-98 所示菜单。"纯色""渐变""图案"属于填充图层命令，其余属于调整图层命令，可根据需要进行设置。调整图层与填充图层都具有图层不透明度和混合模式选项。

2）设置"填充图层"

（1）纯色。使用当前前景色填充调整图层，可根据需要选择其他颜色，如图 2-99 所示。

图 2-98　"创建新的填充或调整图层"菜单

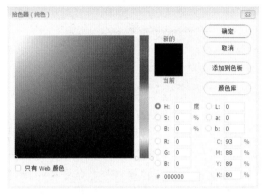

图 2-99　"纯色"设置

（2）渐变。"渐变"用于设置渐变颜色，"样式"设置渐变形式，"角度"设置渐变产生角度，"缩放"设置渐变大小，"反向"改变渐变方向，还可设置"仿色""与图层对齐"，如图 2-100 所示。

图 2-100　"渐变填充"设置

（3）图案。可选择不同图案，"缩放"设置图案大小，"贴紧原点"使图案原点与文档原点相同。若要图案随图层一起移动，则勾选"与图层链接"复选框，如图 2-101 所示。

图 2-101　"图案填充"设置

3）设置"调整图层"

"调整图层"选项包括"亮度 / 对比度""色阶""曲线""曝光度""自然饱和度""色相 / 饱和度""色彩平衡""黑白""照片滤镜""通道混合器""颜色查找""反相""色调分离""阈值""渐变映射""可选颜色"。如图 2-102 为原图效果，图 2-103 为黑白后效果，图 2-104 为渐变映射后效果，图 2-105 为反相后效果，图 2-106 为阈值后效果，图 2-107 为色调分离后效果。

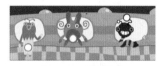

图 2-102　原图效果

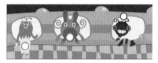

图 2-103　黑白后效果

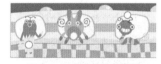

图 2-104　渐变映射后效果

图 2-105　反相后效果

图 2-106　阈值后效果

图 2-107　色调分离后效果

调整图层的设置可将颜色或色调修改应用于画面，修改后的颜色或色调将储存于调整图层中，且应用于下面所有图层。调整图层可随时删除，不会更改原始图层的像素值。

4）"调整图层"的特点

- 对原始图层不具有破坏性。
- 可根据需要进行图层部分调整编辑。
- 可将调整结果应用于多个对象。

5）裁剪工具

选择工具箱中的"裁剪工具"🔲，在选项栏的下拉菜单（如图 2-108 所示）中可以根据需要选择不同的裁剪比例，还可以自己新建裁剪预设。单击🔄可以进行长宽比互换。如图 2-109 所示，分别为"1：1（方形）""16：9"的裁剪比例。

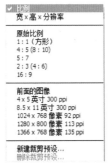

图 2-108 "裁剪工具"下拉菜单

（a）裁剪比例为 1：1（方形）

（b）裁剪比例为 16：9

图 2-109 裁剪效果

选项栏上的"拉直"按钮🔲的作用是"通过在图像上拉一条直线来拉直该图像"。如图 2-110 所示，图片中的景色并不平衡，可单击该按钮，在画面中拉出一条直线后软件会自动对图像进行调整，效果如图 2-111 所示。

图 2-110 拉直取样线条

图 2-111 拉直后图像效果

在选项栏的"视图"下拉菜单中，可选择"三等分""网格""对角""三角形""黄金比例""金色螺线"等命令来帮助使用者更方便地进行所需的裁剪，如图 2-112 所示。

图 2-112 "视图"下拉菜单

6）透视裁剪工具

在"透视裁剪工具"选项栏中可设置裁剪图像的高度和宽度、分辨率等，如图 2-113 所示。

| 🔲 ∨ | W: 3.359 厘米 | 🔄 | H: 5.057 厘米 | 分辨率: 1200 | 像素/英寸 ∨ | 前面的图像 | 清除 | ☑ 显示网格 |

图 2-113 "透视裁剪工具"选项栏

例如，在图像中的窗户位置单击 4 个点，如图 2-114 和图 2-115 所示，即可拉出透视网格，若想保持与原图同样的尺寸与分辨率，可以单击选项栏中的"前面的图像"按钮，再

单击"提交当前裁剪操作"按钮，则裁剪结果如图 2-116 所示。若想要自定义尺寸与分辨率，则可单击选项栏中的"清除"按钮，然后输入宽度为"100 厘米"，高度为"120 厘米"，

分辨率为"72 像素 / 英寸"，则裁剪结果如图 2-117 所示。

图 2-114　透视裁剪定位

图 2-115　透视裁剪区域选中

图 2-116　设置"前面的图像"后透视裁剪效果

图 2-117　自定义裁剪尺寸的透视裁剪效果

7）自定义图案

自定义图案可以用来编辑图形纹理，也可以作为喜欢的背景出现，是用来表现个性化图片的方式。

（1）打开素材库中的"素材—木纹"图片，选择工具箱中"矩形选框工具"，在画面上选择一部分作为图案的选区，如图 2-118 所示。

图 2-118　选择图案选区

注意：必须在选项栏中设置羽化为"0"。另外，大图像可能会变得不易处理，所以需要将图像大小调整到合适的尺寸再进行定义图案。

（2）选择"编辑"→"定义图案"命令，打开"图案名称"对话框，定义图案名称为"木纹"，如图 2-119 所示。

图 2-119　定义图案名称

（3）打开素材库中的"素材—创彩"图片，如图 2-120 所示。在工具箱中选择"魔棒工具"选择文字，右击，在弹出的快捷菜单中选择"通过拷贝的图层"命令，如图 2-121 所示。选择拷贝后的文字图层，单击图层控制面板下方的"添加图层样式"按钮，在弹出的快捷菜单中选择"图案叠加"命令，如图 2-122 所示。打开"图层样式"对话框，设置图案为刚才定义的"木纹"图案，如图 2-123 所示。最终效果如图 2-124 所示。

图 2-120　"素材—创彩"图片

图 2-121　"通过拷贝的图层"　　图 2-122　"图案叠加"
　　　　命令　　　　　　　　　　　命令

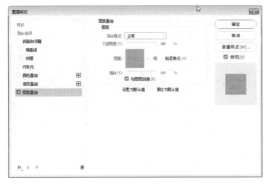

图 2-123　选择木纹图案进行填充

图 2-124　最终效果图

2.3.2　应用模式——老照片残损修复

▶ 1. 任务效果图（见图 2-125）

图 2-125　"老照片残损修复"效果图

▶ 2. 关键步骤

Step 01 打开素材库中的"素材—少年老照片"图片，复制图层并进行去色处理。

Step 02 选择"滤镜"→"杂色"→"蒙层与划痕"命令，设置半径为"5 像素"，阈值为"0"色阶。使得图片中一些待修复部分得以缩小一些。

Step 03 选择工具箱中的"修补工具" ，将图片放大到 100% 的比例，进行修补处理，如图 2-126 所示。其他地方也相同处理，最终效果如图 2-127 所示。

Step 04 选择"滤镜"→"锐化"→"USM 锐化"命令，设置半径为"2.6 像素"，阈值为"0"色阶。

Step 05 在图层控制面板中，单击"创建新的填充或调整图层"按钮 ，新建"可选颜色"图层，设置颜色为中性色，黑色为

"+18%"，其余颜色为默认值。再次单击图层控制面板下方的"创建新的填充或调整图层"按钮 ，新建"色阶"图层，设置调整高光的输入色阶为"207"，如图 2-128 所示。

图 2-126　对裤子进行修补处理

图 2-127　修补后效果

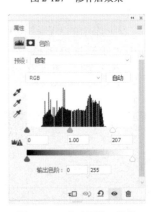

图 2-128　"色阶属性"设置

2.4　任务4　人物照片处理

2.4.1　引导模式——快速美容处理

● 1. 任务描述

利用"修复画笔工具""表面模糊"等命令，对有瑕疵的人物照片进行美容处理。

● 2. 能力目标

① 能熟练运用"修复画笔工具"修复图片中存在瑕疵的部分；

② 能熟练运用"表面模糊"对人物的皮肤进行美容处理；

③ 能熟练运用"图层蒙版"对图层进行局部处理。

● 3. 任务效果图（见图2-129）

图2-129　"快速美容处理"效果图

● 4. 操作步骤

Step 01 启动 Photoshop CC 2018，打开素材库中的"素材—女性"图片，按【Ctrl+J】组合键复制图层成为"图层1"。选择工具箱中的"修复画笔工具" ，按【Ctrl++】组合键放大图片，按住【Alt】键的同时在女孩脸部无斑点的地方单击，松开【Alt】键，在有斑点的地方单击或涂抹，将有斑点皮肤进行替换。不断重复前面操作，尽量选择附近的皮肤进行替换。最终将痘痘和雀斑去除，如图2-130所示。

Step 02 选择工具箱中的"修复画笔工具" ，参考如图2-131所示线框范围，祛除图片中人物额头及头顶边缘的乱发，使人物造型清爽干净。

图2-130　祛除脸部雀斑后效果

图2-131　头发线框范围

Step 03 按【Ctrl+J】组合键复制一个新图层为"图层1拷贝"，选择"滤镜"→"模糊"→"表面模糊"命令，设置半径为"4"像素，阈值为"7"色阶，如图2-132所示。

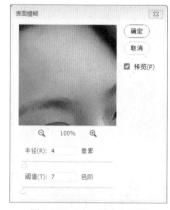

图2-132　"表面模糊"设置

Step 04 按【Alt】键，单击图层控制面板下方的"添加矢量蒙版" 按钮，添加"图层蒙版"，如图2-133所示。然后选择"画笔工具"，画笔类型选择如图2-134所示，

项目一　项目二　项目三　项目四　项目五　项目六　项目七

设置大小为"60 像素"，硬度为"0%"，前景色颜色值为 RGB（255，255，255）。

图 2-133　添加图层蒙版

图 2-134　"画笔工具"设置

Step 05 按【Ctrl+T】组合键放大图片，用"画笔工具"把人物的皮肤部分勾画出来，如图 2-135 所示，从而达到细化皮肤的效果。涂抹过程中，画笔大小可根据所需涂抹区域的大小进行调整。

注意: 避开人物的眉毛、鼻孔、眼睛、嘴唇、手表等部分，同时避开脸部头发及耳朵等深色区域。如图 2-135 所示的选区只是参考的涂抹范围，不是真的选区。

图 2-135　人物皮肤部分的选取

Step 06 选择"图层"→"新建填充图层"→"纯色…"命令，如图 2-136 和 2-137 所示。弹出对话框新建颜色填充图层，如图 2-138 所示，单击"确定"按钮。设置颜

色值为 RGB（207，81，114），如图 2-139 所示。此时画布效果如图 2-140 所示。

图 2-136　"新建填充图层"命令　图 2-137　"纯色"命令

图 2-138　新建颜色填充图层

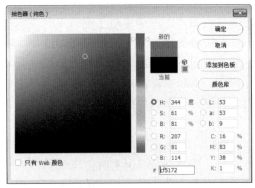

图 2-139　颜色设置

图 2-140　画布填充红色后效果

Step 07 选中"颜色填充 1"图层的蒙版，如图 2-141 所示红色选框部分。选择"图像"→"调整"→"反向"命令，图层控制面板如图 2-142 所示。

图 2-141　选中"颜色填充 1"图层蒙版

图 2-142　蒙版添加反向后图层控制面板

Step 08 选择"画笔工具"，设置颜色值为 RGB（255，255，255），大小为"15 像素"，硬度为"0%"，将人物嘴唇绘上红色，如图 2-143 所示。如果在涂抹的过程中需要修改的话，则可将画笔颜色改为黑色，即可起到擦除的作用。

图 2-143　人物嘴唇涂抹后效果

Step 09 将"颜色填充 1"图层的混合模式设置为"滤色"，画面效果如图 2-144 所示。

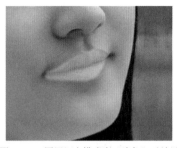

图 2-144　图层混合模式为"滤色"后效果

Step 10 双击该图层弹出"图层样式"对话框，选中"下一图层"最左侧的黑色三角滑块向中间滑动，使嘴唇保留高光部分。然后按住【Alt】键将三角滑块分开为两个小三角滑块，并分别向左和向右滑动，参考数值为"87/167"，如图 2-145 所示。这样人物嘴唇的色彩过渡较为柔和，如图 2-146 所示。

图 2-145　嘴唇高光部分设置

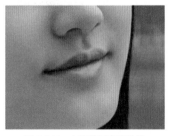

图 2-146　人物嘴唇高光效果

Step 11 按【Ctrl+J】组合快捷键复制一层为"颜色填充 1 拷贝"图层，然后将"颜色填充 1"图层的混合模式设置为"正片叠底"，如图 2-147 所示。

Step 12 双击"颜色填充 1"图层弹出"图层样式"对话框，将"下一图层"的两个小黑色三角滑块合并到一起并移到左侧。然后按

项目一

项目二

项目三

项目四

项目五

项目六

项目七

住【Alt】键将右侧白色三角滑块分开为两个小三角滑块，并分别向左和向右滑动，参考数值为"83/210"，如图 2-148 所示，对人物嘴唇的阴影部分进行调整，效果如图 2-149 所示。

图 2-147 "正片叠底"图层混合模式

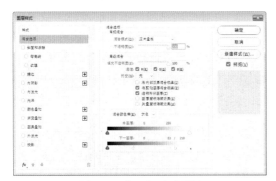

图 2-148 嘴唇阴影部分设置

图 2-149 人物嘴唇阴影效果

● 5. 技巧点拨

1）修复画笔工具

此工具可以去除图像中的杂斑和污迹，并且修复的部分会自动与背景色相溶合。

（1）打开素材库中的"素材—幼儿"图片，放大后可以看到人物面部有一些红斑。

（2）选择工具箱中的"修复画笔工具"，在其选项栏中许多设置，可以设置修复画笔的大小、硬度、间距等，同时可以调整仿制源的参数，如图 2-150 和图 2-151 所示。修复后效果如图 2-152 所示。

图 2-150 修复画笔工具 图 2-151 仿制源参数设置
设置

（3）可有两种源的选择，第一种是"取样"，用取样点的像素来覆盖单击点的像素，以便达到修复的效果。如果选择此选项，须按下【Alt】键进行取样，再对金发帅哥的脸部进行修复。第二种是"图案"，以所选图案填充修复画笔工具移动过的区域，且图案会和背景色相溶合。

图 2-152 修复后效果

（4）勾选"对齐"复选框进行取样，取样点的位置会随着光标的移动而发生相应的变化；如果取消勾选"对齐"复选框再进行修复，则取样点的位置保持不变。

2）表面模糊

此滤镜用于创建特殊效果并且消除杂色或颗粒。"半径"的数值用于指定模糊取样区域的大小；"阈值"的改变用于控制相邻像素色调值与中心像素值之间的关系，色调值差小于阈值的像素是被排除在模糊外的。

注意：虽然表面模糊能让近似的颜色区进行模糊，但若两个颜色区的色彩反差很大，那么其边界仍然会保持较好的清晰度。

（1）打开素材库中的"素材—水晶吊灯"图片。

（2）选择"滤镜"→"模糊"→"表面模糊"命令。

（3）在弹出对话框中可以调整模糊半径以及阈值，如图 2-153 所示为增大半径及阈值后的效果。

图 2-153　表面模糊效果

3）"历史记录画笔工具"

"历史记录画笔工具" 是在现有效果的基础上抹除历史中某一步操作的效果工具，是在不返回历史记录的情况下，修改以前历史中所做过的操作的工具。"历史记录画笔工具"的笔刷除了默认的圆形笔刷，还可以使用各种形状各种特效的笔刷。

（1）打开素材库中的"素材—铁塔"图片，如图 2-154 所示。

图 2-154　"素材—铁塔"图片

（2）选择"图像"→"调整"→"去色"命令，然后选择"滤镜"→"模糊"→"高斯模糊"命令，对图片进行去色和高斯模糊处理后，效果如图 2-155 所示。打开"历史记录"控制面板，刚才的操作都已显示在"历史记录"控制面板中，如图 2-156 所示。

图 2-155　处理后的效果

（3）选择"历史记录"控制面板中的"高斯模糊"步骤，选择工具箱中"历史记录画

笔工具"，在画面上进行涂抹，涂抹处会出现未处理过的景色，最终效果如图 2-157 所示。

图 2-156　"历史记录"控制面板

图 2-157　使用"历史记录画笔工具"后的效果

4）"历史记录艺术画笔工具"

"历史记录艺术画笔工具" 是使用指定历史记录状态或快照中的源数据，以风格化描边进行绘画的工具。通过选择不同的绘画样式、大小和容差选项，可以用不同的色彩和艺术风格模拟绘画的纹理。

（1）打开素材库中的"素材—花朵"图片，如图 2-158 所示。

图 2-158　"素材—花朵"图片

（2）在工具箱中选择"历史记录艺术画笔工具"，在选项栏中设置画笔为"65"，模式为"正常"，不透明度为"90%"，样式为"绷紧短"，区域设置为"50 像素"，容差为"0%"，如图 2-159 所示。"区域"值用来限定绘画描边所覆盖的区域，"容差"值用来限定应用绘画描边的区域。在画布中进行拖动绘画，效果如图 2-160 所示。

模式：正常　　不透明度：90%　　样式：绷紧短　　区域：50 像素　　容差：0%

图 2-159　"历史记录艺术画笔"选项栏

图 2-160　使用"历史记录艺术画笔工具"后的效果

2.4.2　应用模式——快速美白处理

1. 任务效果图（见图 2-161）

图 2-161　"快速美白处理"效果图

2. 关键步骤

Step 01 打开素材库中的"素材—女性"图片，复制图层。切换到通道控制面板，按【Ctrl】键的同时单击 RGB 通道，如图 2-162 所示，选中图片的高亮部分。效果如图 2-163 所示。

图 2-162　通道控制面板

Step 02 切换到图层控制面板，新建图层"图层 2"，设置前景色为白色（淡粉色或

者淡黄色也可以），按【Alt+Delete】组合键，填充前景色，按【Ctrl+D】组合键取消选区。效果如图 2-164 所示，皮肤已经变亮。

图 2-163　图片的高亮部分

图 2-164　填充白色后效果

Step 03 为"图层 2"添加蒙版，前景色为黑色，在图层控制面板中选择"图层 2"的蒙

版，用"画笔工具"将除人物皮肤以外的部分进行擦除。注意：人物的眼镜、瞳孔、嘴唇也需要进行擦除。为了避免皮肤过白与环境造成太大的反差，故调整图层不透明度为50%。图层控制面板如图 2-165 所示。

Step 04 按【Ctrl+J】组合键复制"图层 1"为"图层 1 拷贝"图层，选择"滤镜"→"其他"→"高反差保留"，设置半径为"3.0"像素。图层混合模式设置为"线性光"，此时为人物皮肤增加了质感。

图 2-165 图层蒙版设置

2.5 任务 5 照片处理之流行元素

2.5.1 引导模式——赛博故障风格人物照片处理

● 1. 任务描述

利用"矩形选框工具"的移动、"通道"的选择，制作一幅赛博故障风格的人物图片。

● 2. 能力目标

① 能熟练运用"矩形选框工具"的移动，与原始图片产生偏差，从而形成赛博故障感；

② 能熟练运用"图层样式"对话框，选择"高级混合"中的通道进行色彩的调整；

③ 能熟练运用"动感模糊"滤镜和"风"滤镜使画面产生动感。

● 3. 任务效果图（见图 2-166）

图 2-166 "赛博故障风格人物照片"效果图

● 4. 操作步骤

Step 01 启动 Photoshop CC 2018，打开素

材库中的"素材—男性"图片，按【Ctrl+J】组合键复制图层成为"图层 1"。选择工具箱中的"矩形选框工具" [□]，在人物的帽子与背景部分拖曳出一个矩形，位置与大小参考如图 2-167 所示。然后选择"移动工具" ⊹.，同时按住【Ctrl】键，此时画面中的图标会变成一个黑色三角形，将矩形选框向左移动一点，使复制出来的矩形与原始图片产生偏差，从而形成故障感，如图 2-168 所示。

图 2-167 拖拽出矩形选取

图 2-168 矩形选区位移效果

Step 02 采用相同的方法在画面上多次绘制不同大小的矩形，完成后效果如图 2-169 所示。

注意：绘制的时候选框工具始终保持"新选区"▣，且不同大小的矩形除了左右位移，也可以进行上下位移。

图 2-169　矩形绘制完画面效果

Step 03 新建一个图层为"图层 2"，选择"渐变工具"，单击"点按可编辑渐变"按钮，将左侧色标值改为 RGB（88，151，255），右侧色标值改为 RGB（237，112，221），如图 2-170 所示。在画布上从左至右横向拉一条直线绘制出渐变效果，画面如图 2-171 所示。将"图层 2"的混合模式改为"叠加"，效果如图 2-172 所示。

图 2-170　渐变编辑器设置

图 2-171　画面渐变效果

图 2-172　添加"叠加"后效果

Step 04 按【Ctrl+Alt+Shift+E】组合键添加盖印图层，得到"图层 3"，如图 2-173 所示。

图 2-173　得到盖印图层"图层 3"

Step 05 双击"图层 3"图层弹出"图层样式"对话框，将"高级混合"中的通道"R"取消勾选，如图 2-174 所示。然后选择"移动工具"向左移动 4 个像素，画面效果如图 2-175 所示。

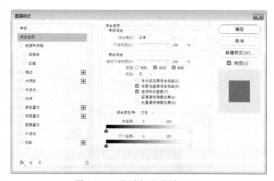

图 2-174　取消勾选通道"R"

图 2-175　取消勾选通道"R"后位移效果

Step 06 按【Ctrl+J】组合键复制"图层 3"成为"图层 3 拷贝"。双击该图层弹出"图层样式"对话框，将"高级混合"中的通道"R"勾选，取消勾选通道"G"，如图 2-176 所示。然后选择"移动工具"向右移动 5 个像素，画面效果如图 2-177 所示。

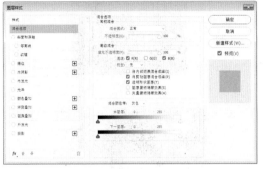

图 2-176　取消勾选通道"G"

图 2-177　取消勾选通道"G"后位移效果

Step 07 按【Ctrl+J】组合键复制"图层 3 拷贝"成为"图层 3 拷贝 2"。双击该图层弹出"图层样式"对话框，在"高级混合"中勾选通道"G"，取消勾选通道"B"，如图 2-178 所示。然后选择"移动工具"向上移动 5 个像素。选择"滤镜"→"风格化"→"风"命令，如图 2-179 所示，单击"确定"按钮。接着再执行一遍此命令以加强效果，画面如图 2-180 所示。

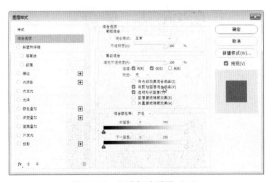

图 2-178　取消勾选通道"B"

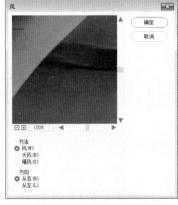

图 2-179　滤镜"风"设置

图 2-180　画面添加"风"后效果

Step 08 选择"滤镜"→"模糊"→"动感模糊"命令，设置角度为"0"度，距离为"20"像素，如图 2-181 所示，使画面略有一些模糊效果。

图 2-181　动感模糊设置

Step 09 选择"横排文字工具" T.，在画面输入英文句子"It's up to YOU！"，字体为"Impact"，颜色值为 RGB（237，172，237）。设置字母"It's up to"的大小为"120"点，"YOU！"的大小为"180"点，图层混合模式设置为"正常"。然后将该层复制一层，修改字体颜色值为 RGB（110，166，253），图层混合模式设置为"叠加"，图层控制面板如图 2-182 所示。

项目一　项目二　项目三　项目四　项目五　项目六　项目七

项目
一

项目
二

项目
三

项目
四

项目
五

项目
六

项目
七

图 2-182　添加文字后的图层控制面板

Step 10 保持蓝色文字图层被选中的状态，选择"移动工具"向右移动 10 个像素，然后向下移动 10 个像素，此时文字效果如图 2-183 所示。

图 2-183　文字位移后效果

5. 赛博朋克艺术风格

赛博朋克（Cyberpunk）一词起源于 William Gibson 的科幻小说《神经漫游者》，如图 2-184 所示。接着，从文学到影视作品乃至游戏行业，人们开始热衷于人工智能的主题。例如，如图 2-185 所示的电影《银翼杀手 2049》、如图 2-186 所示的《攻壳机动队》等。如今，赛博朋克风格大受年轻一代的欢迎，并流行于各个领域，包括平面设计、摄影后期制作等。

图 2-184　科幻小说《神经漫游者》

图 2-185　电影《银翼杀手 2049》海报

图 2-186　电影《攻壳机动队》海报

赛博朋克平面设计风格通常以紫色、青蓝、洋红色调为主，霓虹灯也是最常见的元素，可以给作品增强光感，具有强烈的视觉效果。例如，街舞选拔类真人秀节目《这！就是街舞》的海报、淘宝造物节的海报，如图 2-187 和图 2-188 所示。此外，还有利用错位、拉伸、扭曲等方式呈现未来科技感的赛博故障风格，如图 2-189 所示。

图 2-187　《这！就是街舞》海报

图 2-188 淘宝造物节海报

图 2-189 赛博故障风格海报

2.5.2 应用模式——赛博朋克风格场景照片处理

1. 任务效果图（见图 2-190）

图 2-190 "赛博朋克风格场景照片"效果图

2. 关键步骤

Step 01 打开素材库中的"素材—场景"图片，复制图层。选择"滤镜"→"Camera Raw 滤镜…"命令，如图 2-191 所示。在弹出的对话框中设置

色温为"+10"，色调为"+13"，对比度为"+5"，高光为"-44"，阴影为"-4"，白色为"-4"，黑色为"+11"，清晰度为"+2"，自然饱和度为"+13"，如图 2-192 所示，单击"确定"按钮。

图 2-191 "Camera Raw 滤镜…"命令

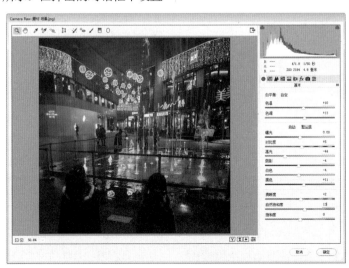

图 2-192 "Camera Raw 滤镜"设置

Step 02 选择"图层"→"新建调整图层"→"色彩平衡"命令，如图 2-193 所示。在如图 2-194 所示的"色彩平衡"调节面板中选择色调为"阴影"，设置青色 / 红色为"-12"，洋红 / 绿色为"-9"，黄色 / 蓝色为"+31"，如图 2-195 所示。

调为"中间调"，设置青色 / 红色为"-37"，洋红 / 绿色为"-40"，黄色 / 蓝色为"+36"，如图 2-196 所示。此时画面效果如图 2-197 所示。

图 2-196　色调"中间调"设置

图 2-193　"色彩平衡"命令

图 2-197　调整色彩平衡后画面效果

Step 04 选择"图层"→"新建调整图层"→"色相 / 饱和度"命令，在"色相 / 饱和度"调节面板中选择"红色"，如图 2-198 所示，设置其色相为"-18"。同样方法设置黄色色相为"-26"，青色色相为"-18"，蓝色色相为"-36"。

图 2-194　"色彩平衡"调节面板

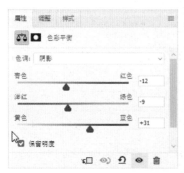

图 2-195　色调"阴影"设置

Step 03 在"色彩平衡"调节面板中修改色

图 2-198　"色相 / 饱和度"调节面板颜色选择

2.6 实践模式——照片手绘风格处理

相关素材

制作要求:

根据素材 2-1 制作一张人物素描效果的照片。需要将素材图复制两个图层,均去色处理,然后使用"滤镜"中"照亮边缘""成角的线条"工具对其中一个复制图层进行数值的设置,修改其图层混合模式,最终可得到如图 2-199 所示效果图。

素材 2-1 "照片手绘风格　　　图 2-199 参考效果图
处理"素材

知识扩展

1. 色与光的关联

我们生活中看到的万物都有色彩,如橙色的橘子、碧绿的湖水、蔚蓝的天空,这些色彩都取决于光的反射和其波长的范围。自然光在三棱镜的折射下投射到白色屏幕上,会出现红、橙、黄、绿、青、蓝、紫的一条光谱,如图 2-200 所示。我们平时所见的彩虹正是可见光分解的一种现象。

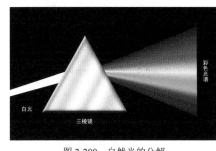

图 2-200 自然光的分解

在日常生活中,桌子、墙壁、T 恤这些物体本身都不发光,但人们却可以看出桌子是褐色的、墙壁是灰色的、T 恤是绿色的,这和光线的照射以及物体的吸收和反射有关,如图 2-201 所示。人眼所看到的 T 恤由于吸收了自然光线中的其他色光,只反射出大量绿色的色光,我们才会说这是件绿色的 T 恤。不过,世界上没有任何一种物体是对色光全

吸收或全反射的,此件绿色 T 恤同样反射橙色波长,只是非常少量而已。

图 2-201 物体受光的过程

2. 色彩混合方式

1) 减色混合

减色混合是颜料、色料的一种混合方式。颜料的三原色是红色、黄色、蓝色,借由这三种原色,我们可以调配出成千上万种颜色。在混合颜料的过程中,新产生的颜色在明度、色性上都会比被混合的颜色低,因此,我们把这种混合方式称为减色混合。在如图 2-202 所示的减色混合图中,可以更清楚地看到色彩是如何进行混合的。如,蓝色与黄色的混合色是绿色,红色与蓝色的混合色是紫色,黄色与红色的混合色是橙色,这三种颜色是两种原色等量调配的结果,因此绿

色、紫色、橙色被称为三间色。红色、黄色、蓝色三种原色等量混合所产生的结果是黑色。

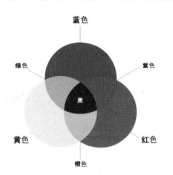

图 2-202　减色混合

印刷色彩就是一种减色混合，由青色（Cyan）、品红（Magenta）、黄色（Yellow）和黑色（Black）四种标准色混合，简称 CMYK。在印刷的过程中，通过将四种颜色不同量调配，可以印刷出色彩丰富的各种杂志、包装等。

2）加色混合

加色混合是色光的一种混合方式，如计算机显示器、电视机等。在加色混合中，色光会相互叠合、色彩相混，所以混合的结果会使新的色光亮度更亮。如图 2-203 所示，绿色、蓝色混合的结果是青色，红色、蓝色混合的结果是洋红色，红色、绿色混合的结果是黄色，而红色、蓝色、绿色相互混合的结果是最亮的白色。

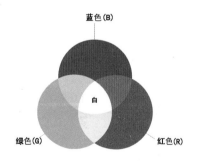

图 2-203　加色混合

3. 色彩调和

1）冷暖色调

人们对色彩的冷暖感觉基本来源于其色相，比如说深蓝色会使人联想到海底，所以会给人较冷的感觉；而橘黄色会使人联想到烛光，所以给人温暖的感觉。当然，色彩的冷暖归属也不能一概而论，应以具体情况而定。

（1）暖色系。暖色系是从黄橙色到红紫色的这一段色彩，如图 2-204 所示。

图 2-204　暖色系

（2）冷色系。冷色系是从黄色到蓝色再到紫色的这一段色彩，如图 2-205 所示。

图 2-205　冷色系

当我们要表现欢乐、活跃的场面时，适宜使用暖色调来带动人们的情绪，并且达到渲染氛围的作用；而当我们要表现伤感、冷清的场面时，则可以使用冷色调来渲染悲伤的气氛。但有时在同一张图片中我们会既用到暖色又用到冷色，这时，冷暖色所占的面积大小就成了色彩是否和谐统一的关键。如图 2-206 所示，如果画面中冷色调的面积较大，那么整个画面依然属于冷色调，反之，则为暖色调。

图 2-206　冷、暖色比例

2）轻重色调

浅色调往往具有轻柔感，重色调具有力量感。如图 2-207 所示，虽然都属于鲜艳的颜色，但是浅黄色给人的感觉非常轻薄，紫色给人的感觉则比较厚重。

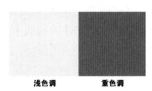

图 2-207　浅色调、重色调比较

冷色调具有轻感，暖色调具有重感，如图 2-208 所示，蓝色比橙色要感觉轻。

图 2-208　冷色调、暖色调比较

饱和度高的颜色感觉轻，饱和度低的颜色感觉重，如图 2-209 所示，同样是绿色，高饱和度的绿色就比低饱和度的绿色要轻得多。

图 2-209　饱和度高、饱和度低比较

◆ 4. 配色法

1）根据色调配色

（1）单色配色。采用同一个颜色，改变不同的明度、饱和度进行颜色搭配，如图 2-210 所示，单色配色法效果和谐，给人统一的感觉。

图 2-210　单色配色

（2）类似色配色。采用色彩较为相似的颜色进行色彩搭配，如图 2-211 所示，类似色搭配法给人温和、亲切的感觉，整体颜色较为融合。

图 2-211　类似色配色

（3）对比色配色。采用色相相差较为明显的颜色进行搭配，如图 2-212 所示，对比色配色法色彩醒目，视觉冲击力强，给人眼前一亮的感觉。

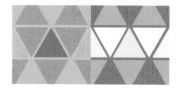

图 2-212　对比色配色

2）根据饱和度配色

（1）高饱和度配色。使用高饱和度的色彩进行搭配，如图 2-213 所示，此种配色法色彩非常明亮、华丽。

图 2-213　高饱和度配色

（2）低饱和度配色。使用低饱和度的色彩进行配色，如图 2-214 所示，此种配色法效果淡雅、沉静，给人以柔和的感觉。

图 2-214　低饱和度配色

2.7　知识点练习

一、填空题

1. 使用绘图工具时，使用_____组合键可切换到"吸管工具"。

2. 要删除所有打开的图像文件的历史记录，应使用_____命令。

3. 可以按 _____组合键，得到盖印图层。

4. 在 Photoshop 中，缩放工具的快捷键是_____。

二、选择题

1. 如果选择了一个前面的历史记录，所有位于其后的历史记录都无效或变成灰色显示，这说明（　　）。

A. 如果从当前选中的历史记录开始继续修改图像，所有其后的无效历史记录都会被删除

B. 这些变成灰色的历史记录已经被删除，但可以使用 Undo（还原）命令将其恢复

C. 允许非线性历史记录（Allow Non-Linear History）的选项处于选中状态

D. 应当清除历史记录

2. 关于历史记录面板记录的操作步数，以下说法不正确的是（　　）。

A. 软件默认只保留 20 步操作，超过则自动清除前面的步骤

B. 历史记录面板记录的操作步骤没有具体限制，只要有足够的内存

C. 可以在历史记录面板右上角菜单中选择"历史记录选项"，修改记录步数

D. 可以选择"编辑"→"预置"→"常规"命令，在"历史记录状态"后面修改记录步数

3. 在 Photoshop 中在执行下面（　　）命令后，历史记录画笔仍然可用。

A. 使用"图像"→"模式"子菜单中的命令转换图像的颜色模式

B. 使用"图像"→"图像大小"命令改变图像的大小

C. 用裁切工具裁切图像

D. 选择"图像"→"复制"命令复制当前操作的图像后，再次切换至原操作图像

4. 按（　　）组合键可以放大和缩小图像的显示。

A.【Alt++】　　　【Alt+-】

B.【Ctrl++】　　　【Ctrl+-】

C.【Space++】　　【Space+-】

D.【Shift++】　　【Shift+-】

5. 有关裁剪工具的使用，以下描述不正确的是（　　）。

A. 裁剪工具可以按照您所设定的长度、宽度和分辨率来裁切图像

B. 裁剪工具只能改变图像的大小

C. 单击工具选项栏上的拉直按钮后，可在画布中拖动，以校正照片的倾斜问题

D. 要想取消裁剪框，可以按【Esc】键

三、判断题

1. 关于历史记录面板记录的操作步数，可以选择"编辑"→"预置"→"常规"命令，在"历史记录状态"后面修改记录步数。

（　　）

2. 当关闭并重新打开文件时，上次工作过程中的所有状态记录和快照都将被从面板中清除。　　　（　　）

3. 关于历史记录，状态记录是从上至下添加的，最早的状态在列表的顶部。

（　　）

4. Photoshop 中如果想在现有选择区域的基础上增加选择区域，应按住 Ctrl 键。

（　　）

项目三 CI 企业形象设计

项目一

项目二

项目三

项目四

项目五

项目六

项目七

企业形象设计又称 CI 设计。CI 是 Corporate Identity 的缩写，CIS 是 Corporate Identity System 的缩写。前者意为企业识别，后者意为企业识别系统。Identity 这个词，在英语中至少包含有同一、一致、认出、识别、个性、特征等意思。这里的识别，表达了一种自我同一性。CIS 包括三部分，即 MI（理念识别）、BI（行为识别）和 VI（视觉识别）。

CI 的主要目的是为企业塑造良好的企业形象，在塑造企业形象的过程中，利用整体传达系统进行信息传播，达到与社会沟通、与企业关系者沟通实现企业运作的良好循环。它将企业的经营理念和个性特征，通过统一的视觉识别和行为规范系统加以整合传达，使社会公众产生一致的认同感与价值观，从而达成建立鲜明的企业形象和品牌形象，提高产品市场竞争力，创造企业最佳经营环境的一种现代企业经营战略。

3.1 任务 1 企业标志设计

3.1.1 引导模式——"dop"企业 Logo 设计

❏ 1. 任务描述

完成一份企业 Logo 的设计制作，了解由设想、原稿到 Photoshop 成稿的过程。

❏ 2. 能力目标

① 能熟练运用"形状工具"进行 Logo 设计；

② 能熟练掌握图形阵列方法；

③ 能熟悉 Logo 的基本制作步骤和创作方法；

④ 能熟练运用参考线辅助图案设计。

❏ 3. 任务效果图（见图 3-1）

图 3-1 "dop"企业 Logo 设计效果图

❏ 4. 操作步骤

一个完整的标志设计流程主要分为四步：调研分析、要素挖掘、设计开发和标志修正。调研分析和要素挖掘属于前期设计阶段，设计人员将深入企业调研企业文化氛围并挖掘能够代表企业的标志要素。在这个阶段，通常会形成一个或多个企业 Logo 的概念设计原稿。之后，从概念原稿中由用户选择确定 Logo 的设计方案，并在此原稿基础上完成企业 Logo 的设计开发。标志修正是企业 Logo 设计的最后阶段，也就是对设计好的标志方案进一步地加工和修正以求满足用户所有要求，并得到用户的最后肯定。

Step 01 新建文件，设置名称为"Logo_1"，宽为"500 像素"，高为"500 像素"，分辨率为"300 像素 / 英寸"，颜色模式为"RGB 颜色"，具体参数如图 3-2 所示。

Step 02 选择"视图"→"新建参考线"命令，打开如图 3-3 所示的对话框，在垂直和水平方向"250 像素"处各新建一条参考线，添加完成后效果如图 3-4 所示。可以选择"视图"→"标尺"命令，打开标尺。

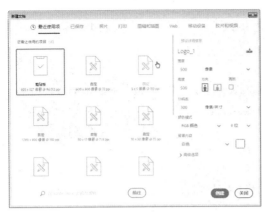

图 3-2　"新建文档"对话框

图 3-3　"新建参考线"对话框

图 3-4　添加参考线

Step 03 选择工具箱中的"多边形工具"
○., 如图 3-5 所示。在选项栏中设置边为
"14"，填充为"纯青"。在画布中拉出一
个十四边形。使用"移动工具" ⊹., 将其移
动到画布中心。选择"编辑"→"自由变换"
命令，或按【Ctrl+T】组合键开启自由变换模
式，对多边形进行大小调整。为防止图像变
形，应按住【Shift】键，待大小调整完毕后
按【Enter】键确认，如图 3-6 所示。

图 3-5　多边形工具

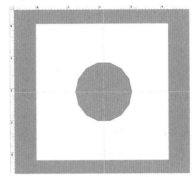

图 3-6　绘制十四边形

Step 04 新建图层，选择工具箱中的"椭
圆工具"○., 在其选项栏中选择填充为"白
色"，W：196，H：196，在画布上单击，
出现"创建椭圆"对话框，单击"确定"按钮，
画布上出现一个白色正圆形。使用"移动工
具" ⊹., 将其移动到画布中心，如图 3-7 所示。
此时的图层情况如图 3-8 所示。

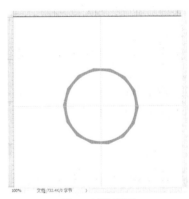

图 3-7　绘制椭圆

图 3-8　图层控制面板当前状态

Step 05 选择"多边形 1"图层，使用【Ctrl+T】组合键对十四边形进行自由变换，向任意方向旋转，使它的一个顶端对准参考线，如图 3-9 所示。

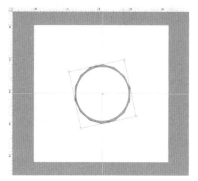

图 3-9　十四边形旋转后效果

Step 06 新建图层，选择"矩形工具"□，绘制一个正方形，长宽均为"30 像素"，颜色为纯青。使用【Ctrl+T】组合键进行一次自由变换，设置旋转角度为"45"度，参数如图 3-10 所示，按【Enter】键确认。再进行一次自由变换，设置水平缩放为"50%"，参数如图 3-11 所示，完成后移动到如图 3-12 所示位置。

X: 226.00 像素　△　Y: 80.00 像素　W: 100.00%　∞　H: 100.00%　△ 45.00　度

图 3-10　正方形旋转参数

X: 226.00 像素　△　Y: 80.00 像素　W: 50.00%　∞　H: 100.00%　△ 0.00　度

图 3-11　正方形水平缩放参数

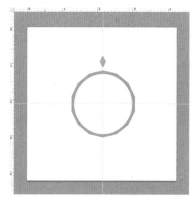

图 3-12　正方形变形后效果

Step 07 复制"矩形 1"图层为"矩形 1 拷贝"图层，使用【Ctrl+T】组合键进行自由变换，按住【Alt】键移动中心点，将其拖至参考线相交的位置，如图 3-13 所示。然后设置旋转角度为"15"度，将矩形旋转到如图 3-14 所示的位置。

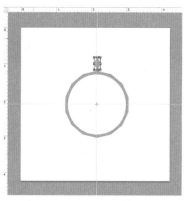

图 3-13　移动"矩形 1 拷贝"图层中心点

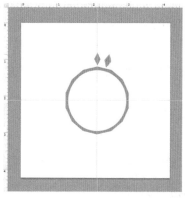

图 3-14　"矩形 1 拷贝"图层旋转后效果

Step 08 同时按【Ctrl+Shift+Alt+T】组合键，可以自动重复第 7 步的操作。反复执行该操作，直到矩形围绕中心一圈，效果如图 3-15 所示。

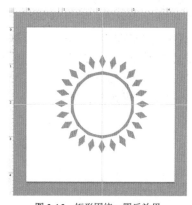

图 3-15　矩形围绕一圈后效果

Step 09 选中所有的"矩形"图层，右击，在弹出的快捷菜单中选择"合并形状"命令，将图层合并。合并后的图层状态如图 3-16 所示。

项目一

项目二

项目三

项目四

项目五

项目六

项目七

图 3-16 矩形图层合并后状态

Step 10 复制"矩形 1 拷贝 22"图层为"矩形 1 拷贝 23"图层，使用【Ctrl+T】组合键对"矩形 1 拷贝 23"图层进行自由变换，按住【Alt+Shift】组合键，进行中心缩放，效果如图 3-17 所示。

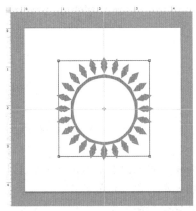

图 3-17 "矩形 1 拷贝 23"图层大小位置

Step 11 将"矩形 1 拷贝 23"填充改为白色，设置描边颜色为纯青，描边大小为"0.5 像素"，具体参数如图 3-18 所示。使用【Ctrl+T】组合键对"矩形 1 拷贝 23"进行自由变换，设置旋转角度为"7.5"度，参数如图 3-19 所示。完成后的效果如图 3-20 所示。

图 3-18 "矩形 1 拷贝 23"参数设置

图 3-19 "矩形 1 拷贝 23"旋转参数设置

Step 12 复制"矩形 1 拷贝 22"图层为"矩形 1 拷贝 24"图层，按住【Alt+Shift】组合键进行中心缩放，设置旋转角度为"7.5"度，完成后的效果如图 3-21 所示。

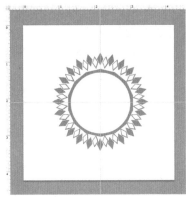

图 3-20 "矩形 1 拷贝 23"调整后效果

Step 13 为了使整个 Logo 更有层次感，需要对刚才所做的图层进行调整。设置"矩形 1 拷贝 23"的图层不透明度为"50%"，"矩形 1 拷贝 24"的图层不透明度为"30%"。完成后的效果如图 3-22 所示。

图 3-21 "矩形 1 拷贝 24"调整后效果

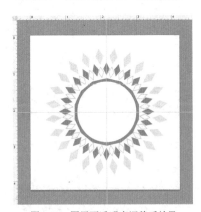

图 3-22 图层不透明度调整后效果

Step 14 选择"文字工具" T.，在画布上添加文字"dop"，设置颜色为纯青，字体为"Arial"，大小为"28 点"。移动文字到画布中心位置，效果如图 3-23 所示。

图 3-23　添加文字后效果

Step 15 新建图层，选择"矩形工具"□，在字母"d"的上方绘制一个矩形，设置填充颜色为纯青，图层不透明度为"50%"，大小位置如图 3-24 所示。

图 3-24　添加矩形装饰

Step 16 复制刚才绘制的"矩形 1"图层为"矩形 1 拷贝"图层，移动至如图 3-25 所示的位置，完成整个 Logo 的设计。

图 3-25　添加另一个矩形装饰后效果

⊙ 5. 技巧点拨

1）参考线的使用

参考线可以有效地帮助我们定位点和寻找原稿画的几何特征。

选择"视图"→"标尺"命令或按【Ctrl+R】组合键打开标尺。在标尺状态下，画布的左边和上边会出现标尺栏，按住鼠标左键可从标尺栏上拉出参考线。

注意：参考线均是垂直或水平的直线。要修改参考线的位置，可以将鼠标移动至参考线上，待出现双箭头标记时，即可拖动调整参考线的位置。

要将水平参考线变为垂直方向，可以选中参考线后，按住【Alt】键，再按住鼠标左键并向垂直方向拖动，松开鼠标，参考线即由水平方向变换为垂直方向了。同理也可将垂直方向的参考线变为水平方向。

参考线在最终作品打印时不会被打印出来。如果在作品完成后，不想看到参考线，可以选择"视图"→"显示额外内容"命令，将前面的钩去掉，此时参考线即可被隐藏。

2）路径管理

为了便于操作，在描边之前，应该将草图位置尽量对准网格标尺或者辅助线，而不是自由放置。

在使用"钢笔工具"添加锚点时，按住【Shift】键并单击，可以将线段的角度限制为 45°的倍数。

要选择锚点，可以选择工具箱中"直接选择工具"，也可以在添加锚点模式下进行选择。

选择"转换点工具"，可以将"平滑点"转换为"角点"，如图 3-26 所示。反之，如果想将"角点"转换为"平滑点"，只需选择锚点，并向切线方向拖出控制手柄即可。

3）变形文字

字符的形状调整除了"字体""字号""颜色""宽度""高度""间距"等属性，还可以对其进行变形调整。选择工具箱中"横排文字工具"T之后，在选项栏中单击"创建变形文字"按钮，打开如图 3-27 所示的"变形文字"对话框。在"样式"下拉列表中可以选择各种文字的变形方式，如"扇形""弧形""拱形""贝壳"等，用户可以根据需要来选择不同的样式，调整样式的弯曲、水平扭曲、垂直扭曲等属性设置。

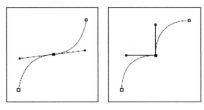

图 3-26　角点与平滑点

图 3-27　"变形文字"对话框

3.1.2　应用模式——汽车 Logo 制作

1. 任务效果图（见图 3-28）

图 3-28　汽车 Logo 制作效果图

2. 关键步骤

Step 01 新建图层，命名为"logo 描边"。在图像上使用"钢笔工具" ∅.，描出该图标的形状，并对其填充白色（填充路径），如图 3-29 所示。隐藏"logo 描边"图层。

图 3-29　描边并填充路径

Step 02 新建图层，命名为"背景"，设置前景色为 RGB（34，41，47）。选择工具箱中"油漆桶工具" ◇.填充"背景"图层，将"背景"图层放置于"logo 描边"图层的下方，如图 3-30 所示。

图 3-30　图层位置

Step 03 打开"logo 描边"图层的图层样式，为汽车 Logo 添加"渐变叠加"，打开"渐变编辑器"对话框，增加如图 3-31 所示色标，以白色与灰色为基本色，制作反光效果。同时，适当调整渐变的角度与缩放大小，汽车 Logo 效果如图 3-32 所示。

图 3-31　增加"渐变叠加"色标

图 3-32　添加渐变叠加后效果

Step 04 接着给汽车 Logo 添加"斜面和浮雕""投影"效果，以加强立体感。

3.2 任务 2　企业工作证设计

3.2.1　引导模式——公司工作证设计 1

➡ 1. 任务描述

完成一份 SONY 公司内部工作证的设计与制作，了解工作证的设计规范与制作流程。

➡ 2. 能力目标

① 能熟练运用"标尺"与"参考线"对图像内容进行精确定位；

② 能熟练运用"图片导入工具"导入外部素材；

③ 熟悉证件照片的大小与照片框的制作；

④ 能熟练进行文字的输入、字体的调整与排版。

➡ 3. 任务效果图（见图 3-33）

图 3-33　公司工作证设计效果图 1

➡ 4. 操作步骤

Step 01 打开"新建文档"对话框，设置宽度为"15 厘米"，高度为"10 厘米"，分辨率为"72 像素 / 英寸"，颜色模式为"RGB 颜色"，名称为"工作证"。

注意：如果此格式近期经常被使用，或者属于常用模式，则可以单击"存储预设"按钮 下 将其存储为预设模板，以便今后选用。

Step 02 选择工具箱中的"矩形工具" □，在画布适当的位置绘制一窄条长方形线条，设置颜色为蓝色，值为 RGB（0，153，255），将工作证分隔为上、下两部分，如图 3-34 所示。

图 3-34　将工作证分隔成上、下两部分

Step 03 将素材库中的"素材—公司标志"图片拖至文件中。双击该图层名称，改名为"SONY"。选择"自由变换工具"进行大小调整，置于所绘蓝色线条左上方空白处，并在图层控制面板中将"SONY"图层拖至"矩形 1"图层下方。

Step 04 选择工具箱中的"设置前景色工具" ■，设置颜色值为 RGB（229，245，255）。新建图层并命名为"工作证底色"，选择工具箱中"矩形工具" □，框选工作证的下半部分，为工作证的下半部分设置底色，如图 3-35 所示。

注意：为了保证框选的精确性，请打开标尺、网格，并设置参考线。

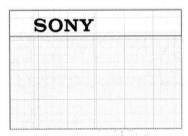

图 3-35　工作证主体部分底色填涂效果

Step 05 选择"图层"→"图层样式"→"图案叠加"命令，如图 3-36 所示。在"图案"下拉菜单里选择"Woven"，设置不透明度为"15%"，为工作证主体部分设置一些纹理效果。

Step 06 选择工具箱中的"设置前景色工具" ■，设置颜色值为 RGB（0，51，102）。

选择工具箱中"横排文字工具" T.，在选项栏中设置字体为"黑体"，大小为"48 点"，"浑厚"，在画布中适当位置单击，输入文字"工作证"。选中文字，打开"字符"选项卡，设置"VA"字符间距为"100"，并选择"仿粗体"，如图 3-37 所示。

图 3-36 "图层样式"菜单　　图 3-37 "字符"选项卡设置

Step 07 选择工具箱中的"横排文字工具" T.，在选项栏中设置字体为"黑体"，大小为"14 点"，"浑厚"，颜色为黑色，在画布中适当位置单击，输入文字"姓名""性别""单位""职务""编号：58001"。

Step 08 为保证"姓名""单位""职务""编号"文字纵向间隔相同，可以使用参考线。或按住【Ctrl】键的同时选择"姓名""单位""职务""编号"图层，并单击"垂直左对齐"按钮，将这些文字左对齐，如图 3-38 所示。

图 3-38 对齐文字

Step 09 选择工具箱中的"直线工具" /.，设置颜色为黑色，如图 3-39 所示，在"姓名""性别""单位""职务"后面拉出适当长度的直线。

图 3-39 选择"直线工具"

注意：为保证直线为水平方向，在绘制直线的同时按住【Shift】键。选择一条画好的直线，按住【Alt】键，拖动鼠标，可以快速复制出另一条线条，并保证长度和粗细一致。

Step 10 新建文件，设置宽度为"2.5 厘米"，高度为"3.5 厘米"，颜色模式为"RGB 颜色"。

Step 11 选择工具箱中的"矩形选框工具"，将整个新建的文件选中，然后拖动至"工作证"文件的适当位置，作为工作证贴照片的空白处，如图 3-40 所示。

图 3-40 将新建文件拖动至"工作证"文件

Step 12 选择"文件"→"存储"命令或"文件"→"存储为"命令将文件保存。如要保存可编辑的 Photoshop 文件，则选择存储为"PSD"格式；如要保存为可以直接使用（不可编辑）的图片格式，则选择存储为"JPEG"格式。

5. 技巧点拨

1）对齐设置

为了便于文字图片的排版，Photoshop 提供了丰富的排版设置，其中包括多种对齐方式。

（1）启用对齐。选择"视图"→"对齐"命令或按【Shift+Ctrl+;】组合键，勾选标记表示已启用对齐功能。

（2）指定对齐的内容。选择"视图"→"对齐到"命令，从子菜单中选择一个或多个选项，如参考线与参考线对齐、网格与网格对齐、图层与图层中的内容对齐、切片与切片边界对齐、文档边界与文档的边缘对齐等，如图 3-41 所示。

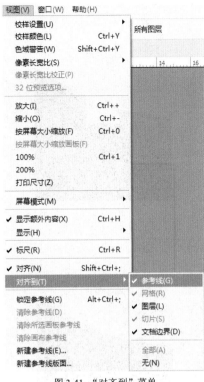

图 3-41 "对齐到"菜单

（3）对齐多个图层。按住【Shift】键的同时选中多个图层，选择"移动工具"，在选项栏进行对齐方式的选择，如图 3-42 所示，从左至右分别为顶对齐、垂直居中对齐、底对齐、左对齐、水平居中对齐、右对齐、按顶分布、垂直居中分布、按底分布、按左分布、水平居中分布、按右分布、自动对齐图层。

图 3-42 "对齐"选项栏

注意：每个被对齐的对象应当单独建层。

2）照片尺寸设置

现将常用的照片尺寸与大小列举如下，以便设计不同大小的照片框时选用。

1 寸照片：2.5 厘米 ×3.5 厘米。

2 寸照片：3.5 厘米 ×4.9 厘米。

3.2.2 应用模式——公司工作证设计 2

➡ 1. 任务效果图（见图 3-43）

图 3-43 公司工作证设计效果图 2

➡ 2. 关键步骤

Step 01 选择工具箱中的"钢笔工具" ，在画布下方绘制一个形状，设置颜色为 RGB（16，71，32），将工作证分隔为上、下两个区域，如图 3-44 所示。

图 3-44 设置工作证的基本结构

Step 02 新建文件，命名为"照片"，设置宽度为"2.5 厘米"，高度为"3.5 厘米"，颜色模式为"RGB 颜色"，拖动至工作证文件的中央。为了使贴照片的区域与白色背景有所区分，在图层样式中为其添加"颜色叠加"，颜色值为 RGB（239，238，238）；

并为其添加浅灰色描边，颜色值为 RGB（204，204，204），如图 3-45 所示。

图 3-45　设置贴照片区域

Step 03 为了使字体"WORK CARD"与"工作证"排列整齐，在"字符"选项卡中修改"WORK CARD"的字距，形成如图 3-46 所示效果。

Step 04 为了增加工作证的细节与美感，可使用"钢笔工具"在中间的部分绘制一些细节，并且给绿色区域增加渐变叠加、投影的效果，如图 3-47 所示，色彩可从企业 Logo 上提取。

图 3-46　中英文字体排列效果

图 3-47　增加细节与渐变等效果

3.3　任务 3　企业产品宣传册设计

3.3.1　引导模式——产品宣传册设计（封面、封底）

➡ 1. 任务描述

从构思开始，制作一个"iPod nano"产品双折叠形式的宣传册。

➡ 2. 能力目标

① 能熟悉产品宣传册的设计与制作步骤，熟悉宣传册的排版方法；

② 能熟练运用"图层样式"和"渐变工具"制作倒影效果；

③ 能熟练使用颜色渐变编辑器，制作图片、文字的霓虹效果；

④ 能熟练进行文字的输入、字体的调整与排版。

➡ 3. 任务效果图（见图 3-48）

图 3-48　产品宣传册封面、封底效果图

➡ 4. 操作步骤

制作宣传册前必须确定：宣传册的大小、

形状和折叠（装订）类型。根据不同的需要和应用场合，宣传册有多种折叠（装订）类型，根据其折叠（装订）类型的不同，设计时所选用的格式方案及选用纸张等都会有相应的不同。

本任务以常用的非装订双折叠型宣传册为例，介绍企业宣传册的基本制作流程。其他装订方式的宣传册在制作流程上，与此并无很大的差别，只需注意版面的方向及页面的连续性等问题。

Step 01 选择折叠类型。制作双折叠形式的宣传册，需做 4 个版面，如图 3-49 所示。

注意：*每个版面的顺序和页面方向，是保证最终成品连续性和可读性的必要条件。*

图 3-49 折叠类型和版面顺序

Step 02 构思和设计。

- 封面必须吸引人，可放置一些大图和产品名称等。
- 封底的图不需要非常醒目，可以放一些联系电话等相关的小字。
- 内页主要放置一些文字或详情图片。
- 注意封面与封底的统一性、内页之间的协调性，以及整个宣传册的风格需统一。
- 注意页面的连续性和方向性。如页面 3 和 4 为连续页面，二者的风格、色调、底色纹理等应该保持一致，不然将会影响和破坏整个宣传册的整体连续性。

Step 03 新建文件，设置宽度为 "28 厘米"，高度为 "20 厘米"，颜色模式为 "CMYK 颜色"，命名为 "nano 宣传册"。

Step 04 按【Ctrl+R】组合键打开标尺，选择 "视图" → "新建参考线" 命令，打开 "新建参考线" 对话框，设置取向为 "垂直"，位置为 "14 厘米"，如图 3-50 所示。

图 3-50 "新建参考线" 对话框

注意：*因为宣传册的宽度为 28 厘米，所以在 14 厘米处设置一垂直参考线即为此宣传册封面和封底的分割线。*

Step 05 打开素材库中的 "素材—nano 1" 图片，选择 "图像" → "图像大小" 命令，打开 "图像大小" 对话框，如图 3-51 所示，确保对话框中 "约束比例" 按钮被选中，将宽度改为 "14 厘米"。选择 "移动工具" 将修改完大小的图片拖至宣传册文件的画布中，并摆放至合适位置。将该图层命名为 "封面底图"，效果如图 3-52 所示。

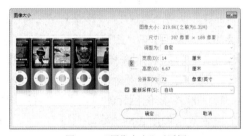

图 3-51 "图像大小" 对话框

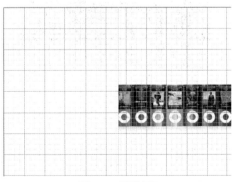

图 3-52 封面底图

Step 06 选择工具箱中的 "横排文字工具" T，在选项栏中设置字体为 "黑体"，

项目一 项目二 项目三 项目四 项目五 项目六 项目七

大小为"48 点"，"浑厚"，"粗体"，颜色为黑色，输入文字"nano- 霓"。

Step 07 选中"nano- 霓"图层，选择"图层"→"图层样式"→"渐变叠加"命令，打开"图层样式"对话框，在"渐变"下拉菜单中选择"透明彩虹渐变"，设置角度"180"度（横向变化），缩放为"120%"，勾选"反向"复选框，如图 3-53 所示。

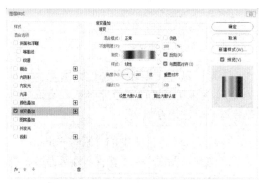

图 3-53 设置"nano- 霓"文字渐变叠加

Step 08 复制"封面底图"图层，将复制的图层命名为"封面底图—倒影"。选择该图层，选择"编辑"→"变换"→"垂直翻转"命令将图片翻转。在图层控制面板中，将不透明度设置为"10%"。

Step 09 选择"图层"→"图层样式"→"渐变叠加"命令，打开"图层样式"对话框，在"渐变"下拉列表中选择"前景色到透明渐变"，将左侧色标的颜色值改为CMYK（24，18，17，0），右侧色标的颜色改为白色，制作的倒影效果如图 3-54 所示。

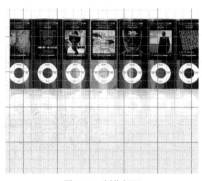

图 3-54 制作倒影

Step 10 复制背景层，选择"图层"→"图层样式"→"渐变叠加"命令，打开"图层样式"对话框，选择"橙色，黄色，橙色渐变"，将最左侧色标和最右侧色标的颜色值改为 CMYK（24，18，17，0），中间色标的颜色改为白色，如图 3-55 所示。设置缩放为"130%"，效果如图 3-56 所示。

注意：此处如果要使封面的画面效果和封底相呼应，可在封面处新建图层，再选择"渐变工具"在封面下方添加白色到透明的渐变。

图 3-55 渐变编辑器设置

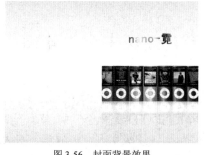

图 3-56 封面背景效果

Step 11 打开素材库中的"素材—nano 2"图片，选择"图像"→"图像大小"命令，在"图像大小"对话框中，将宽度改为"14 厘米"，然后将其拖至"nano 宣传册"文件的画布中，摆放至合适位置，如图 3-57 所示。

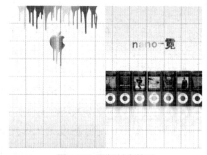

图 3-57 添加封底效果

Step 12 选择工具箱中的"横排文字工具" **T.**，设置字体颜色为淡灰色，值为CMYK（46，37，35，0），字体为"黑体"，大小为"9点"，"浑厚"，输入文字"iPod nano新添摄像功能，让你在欣赏音乐的同时，获得悦目的视频享受。"用同样的方法输入文字"更大的显示屏、抛光铝制外壳，搭配九种色彩绚丽呈现，让iPod nano更为令人惊艳。"放在上一段文字的下方。然后在按住【Ctrl】或【Shift】键的同时选中两段文字所在图层，选择"水平居中对齐"按钮将两段文字对齐，效果如图3-58所示。

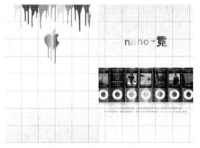

图3-58 添加文字效果

Step 13 打开素材库中的"素材—nano 3"图片，选择"图像"→"图像大小"命令，在"图像大小"对话框中，将宽度改为"7厘米"，然后将其拖至"nano宣传册"文件的画布中，摆放至合适位置。设置图层混合模式为"正片叠底"。

Step 14 输入文字"新款iPod nano现有2.2英寸的亮丽显示屏，让你获得愉悦的视觉体验。"文字设置同步骤12，最终效果如图3-59所示。

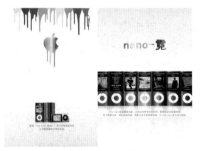

图3-59 封面、封底最终效果

⊙ 5. 技巧点拨

1）打开"图层样式"对话框

Photoshop提供了各种效果（如阴影、发光和斜面）来更改图层内容的外观。图层效果与图层内容链接，移动或编辑图层的内容时，修改的内容中会应用相同的效果。例如，如果对文本图层应用了投影效果再添加新的文本，则将自动为新文本添加阴影。

打开"图层样式"对话框的方法有三种。

● 在图层控制面板中双击某图层。
● 单击图层控制面板底部的"添加图层样式"按钮 **fx.**，并从弹出的菜单中选取效果，如图3-60所示。

图3-60 "添加图层样式"菜单

● 选择"图层"→"图层样式"命令下的子菜单命令。

2）"图层样式"介绍

选择"图层"→"图层样式"→"混合选项"命令，打开"图层样式"对话框，如图3-61所示。

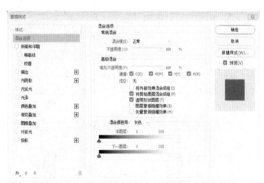

图3-61 "图层样式"对话框

● 斜面和浮雕。为图层添加高光、阴影的各种组合效果。
● 描边。使用颜色、渐变或图案为图层进行轮廓描边。
● 内阴影。在图层的边缘内添加阴影，具有凹陷的效果。

- 外发光和内发光。为图层的外边缘或内边缘添加发光效果。
- 光泽。为图层添加光泽效果。
- 颜色叠加、渐变叠加和图案叠加。用颜色、渐变或图案对图层进行填充。
- 投影。为图层添加阴影。

3）字符设置

选择"窗口"→"字符"命令打开"字符"选项卡。在"字符"选项卡中可以设置文字的字体，调整文字的"大小""高度""宽度""颜色""字符间隔"等。如果被编辑的文本有多行，可以单击选项卡中的"行间距下拉列表" 来设置行间距，如图 3-62 所示。

4）设置段落对齐方式

选择"窗口"→"字符"命令打开"字符"选项卡，选择"段落"选项卡可以进行段落的设置，如图 3-63 所示，可以选择文字图层或选择要影响的段落。在"段落"选项卡中，单击段落对齐选项，除了常用的"左对齐""居中对齐""右对齐"对齐方式，还有以下一些段落对齐方式。

（1）横排文字的选项有：

- 最后一行左对齐。对齐除最后一行外的所有行，最后一行左对齐。
- 最后一行居中对齐。对齐除最后一行外的所有行，最后一行居中对齐。
- 最后一行右对齐。对齐除最后一行外的所有行，最后一行右对齐。

- 全部对齐。对齐包括最后一行在内的所有行，最后一行强制对齐。

图 3-62 "字符"选项卡   图 3-63 "段落"选项卡

（2）直排文字的选项有：

- 最后一行顶对齐。对齐除最后一行外的所有行，最后一行顶对齐。
- 最后一行居中对齐。对齐除最后一行外的所有行，最后一行居中对齐。
- 最后一行底对齐。对齐除最后一行外的所有行，最后一行底对齐。
- 全部对齐。对齐包括最后一行在内的所有行，最后一行强制对齐。

5）调整段落缩进与间距

选择要影响的段落，或选择文字图层。如果没有在段落中插入光标，或未选择文字图层，则设置将应用于创建的新文本。

在"段落"选项卡中，调整左缩进 、右缩进 、首行缩进 、段前添加空格 和段后添加空格 的值。

3.3.2 应用模式——产品宣传册设计（内页）

● 1. 任务效果图（见图 3-64）

图 3-64 产品宣传册内页效果

● 2. 关键步骤

Step 01 打开素材库中的"素材—nano a"图片，将宽度改为"14 厘米"，并将图片拖至"nano 宣传册 - 内页"的画布中的合适位置，如图 3-65 所示。

Step 02 输入文字"产品外观图"，设置字体颜色为淡灰色，值为 CMYK（46，38，35，0），字体为"黑体"，大小为"14 点"，"浑厚"，并摆放到合适的位置。

Step 03 输入文字"广受欢迎的音乐播放器 如今更好玩"，设置字体颜色值为 CMYK

（0，52，91，0），字体为"黑体"，大小为"14 点"，"浑厚"。输入文字"假如你正置身于活力四射的购物场所，或是在餐厅中面对美食大快朵颐，如今，运用 iPod nano 的摄像功能，你可以将这些场景记录下来，无论横向或纵向拍摄，均能获得高品质视频，适合网络发布或通过邮件发送给朋友。iPod nano 亦配有麦克风，能够录制清晰的声音，之后通过内置扬声器播放出来。"设置字体颜色为淡灰色，值为 CMYK（46，38，35，0），字体为"黑体"，大小为"11 点"，"平滑"，并摆放到合适的位置，按【Enter】键换行。选中文字后，按【Ctrl+T】组合键打开"字符"选项卡，将段间距调整为"14 点"左右。效果如图 3-66 所示。

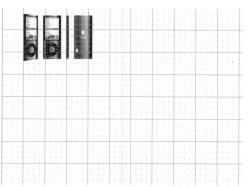

图 3-65 "素材—nano a"图片位置

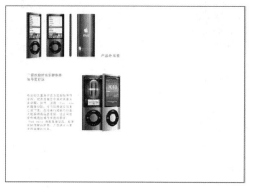

图 3-66 内页"产品外观图"

Step 04 重复以上操作，分别打开素材库中的其他图片，调整大小并摆放在合适的位置。

Step 05 输入文字"Genius 混合曲目"，设置字体为"黑体"，大小为"14 点"，颜色值为 CMYK（0，89，95，0）。输入文字

"控制你的 Genius。或让其自作主张。不论何种方式，Genius 都会自动浏览你的音乐库，找到彼此完美搭配的歌曲。"设置字体为"黑体"，大小为"11 点"，"浑厚"，颜色值为 CMYK（46，38，35，0）。

Step 06 输入文字"摇一摇，让音乐随机"，设置字体为"黑体"，大小为"14 点"，颜色值为 CMYK（61，0，92，0）。输入文字"想要以一种完全随机的方式欣赏音乐？只需开启"摇动以随机播放"功能，轻轻摇一下，即可随机播放曲库中一首完全不同的歌曲。你永远无法知道 iPod nano 播放的下一首歌曲是什么。"设置字体颜色值为 CMYK（46，38，35，0），大小为"11 点"。

Step 07 输入文字"FM 收音机 + 实时暂停"，设置字体为"黑体"，大小为"14 点"，颜色值为 CMYK（67，0，54，0）。输入文字"假设你需要暂停喜爱的电台节目。只需轻轻一点，iPod nano 可让你暂停播放，再点一下便可继续收听同一电台。甚至可以返回至 15 分钟前的节目，然后快进便可继续收听实时广播。FM 刻度盘上有无限精彩。现在，FM 调谐器让你可以在通勤途中收听喜爱的早间节目，在锻炼时发现新的好音乐。甚至可为你显示正在收听的内容和表演者信息。"，设置字体颜色值为 CMYK（46，38，35，0），大小为"11 点"。

Step 08 输入文字"照片同样出色"，设置字体为"黑体"，大小为"14 点"，颜色值为 CMYK（64，34，9，0）。输入文字"随时从口袋里掏出数百张照片和大家分享。"设置字体颜色值为 CMYK（46，38，35，0），大小为"11 点"。

Step 09 输入文字"计步器和 Nike + iPod"，设置字体为"黑体"，大小为"14 点"，颜色值为 CMYK（71，63，0，0）。输入文字"全新的计数器记录你跑过的每一步。亦可搭配 Nike+ 跑鞋和 Nike+iPod 运动套件，让的 iPod nano 成为理想的健身伙伴。"设置字体颜色值为 CMYK（46，38，35，0），大小为"11 点"。

3.4 任务 4　企业员工制服制作

3.4.1　引导模式——员工制服设计与制作

➲ 1. 任务描述

能利用"钢笔工具"、"水平翻转"命令和"描边路经"命令等设计并制作完成一件企业女员工的制服。

➲ 2. 能力目标

① 能熟悉使用"钢笔工具"进行路径的绘制，作为制服轮廓线；

② 能熟练运用"描边路径"命令对所绘制的路径进行描边；

③ 能熟练运用"描边"命令对所绘制的选区进行描边；

④ 能使用"吸管工具"进行现有颜色的选取。

➲ 3. 任务效果图（见图 3-67）

图 3-67　"员工制服设计与制作"效果图

➲ 4. 操作步骤

Step 01 打开素材库中的"素材—女员工 1"图片，按【Ctrl+J】组合键，复制背景图层为"图层 1"，设置该图层的不透明度为"50%"。单击图层控制面板背景图层前面的"指示图层可见性"按钮 ◉，隐藏背景图层。

Step 02 选择"视图"→"标尺"命令，如图 3-68 所示。将鼠标移至左侧标尺处，按住鼠标左键不放向右拉即可产生一根新的参考

线，将该参考线移至人物服装的中间位置，如图 3-69 所示。

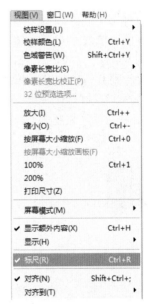

图 3-68　打开标尺

图 3-69　拉入参考线

Step 03 新建图层，选择工具箱中的"钢笔工具" ⌀，在选项栏中将"选择工具模式"设置为"路径"，如图 3-70 所示。

图 3-70　"钢笔工具"选项栏

Step 04 使用"钢笔工具"绘制参考线左边一半的领子，使用直线绘制即可，线条如图 3-71 所示。

注意：由于原图中人物的衣领为敞开的状态，为了更好地展现服装，需要重新绘制领口部分，被肢体挡住的部分也需自行绘制完整。

图 3-71 "钢笔工具"绘制领口

Step 05 将前景色设置为黑色，选择工具箱中的"画笔工具"，设置大小为"2 像素"，硬度为"100%"，如图 3-72 所示。

图 3-72 "画笔工具"参数设置

Step 06 选择工具箱中的"钢笔工具"，右击画面中绘制的路径，在弹出的快捷菜单中选择"描边路径"命令，如图 3-73 所示，在"描边路径"对话框中选择"画笔工具"，如图 3-74 所示，单击"确定"按钮后出现所绘线条，右击画面弹出快捷菜单，选择"删除路径"命令。

图 3-73 路径快捷菜单

图 3-74 "描边路径"对话框

Step 07 用同样的方法勾勒参考线左侧人物的服装，绘制垂直、水平的线条时需同时按住【Shift】键。全部完成后新建一个白色图层，将白色图层置于服装轮廓线图层的下方，效果如图 3-75 所示。

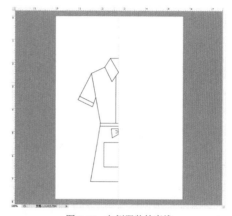

图 3-75 左侧服装轮廓线

Step 08 在图层控制面板中，选择服装轮廓线图层，右击，在弹出的快捷菜单中选择"复制图层"命令。选择"编辑"→"变换"→"水平翻转"命令进行翻转。选择工具箱中的"移动工具"，按住【Shift】键不放，将翻转后的图层平移至参考线右侧，效果如图 3-76 所示。

图 3-76 服装轮廓线（全）

Step 09 在图层控制面板中，隐藏白色图层。新建一个图层，选择工具箱中的"椭圆选框工具"，参考原始图片绘制衣服的纽扣，按住【Shift】键不放拖曳鼠标，产生一个正圆形选区。选择"编辑"→"描边"命令。设置宽度为"2 像素"，颜色为黑色。按【Ctrl+D】组合键，取消选区。

Step 10 在图层控制面板中，复制两次纽扣图层，将其移动到衣服中相应位置，效果如图 3-77 所示。

图 3-77　添加纽扣

Step 11 打开素材库中的"素材—企业 logo1"图片，选择工具箱中的"魔棒工具"，单击画面获得选区。右击，在弹出的快捷菜单中选择"选择反向"命令，选中 logo 选区，选择工具箱中"移动工具"将其拖至"素材—女员工 1"文件中。

Step 12 按【Ctrl+T】组合键，调整 logo 的大小和位置，如图 3-78 所示。

图 3-78　logo 的大小和位置

Step 13 选择工具箱中的"吸管工具" ，吸取 logo 上的粉色（颜色值为 RGB（236，122，171））。选择"视图"→"清除参考线"命令，清除开始建立的参考线。在图层控制面板中，按住【Shift】键同时选中服装轮廓

图层和纽扣图层，选择"图层"→"合并图层"命令，使所绘制的服装成为一个图层，便于接下来的上色。

Step 14 选择工具箱中的"魔棒工具"，在其选项栏上单击"添加到选区"按钮，设置容差为"20"，在画面中选择袖口的翻边、围裙部分。新建一个图层，选择工具箱中"油漆桶工具"进行填充，效果如图 3-79 所示。

图 3-79　填充服装色彩

Step 15 按【Ctrl+D】组合键，取消选区。选择工具箱中"魔棒工具"，同样方法选中纽扣、腰绳部分，新建一个图层，设置颜色值为 RGB（204，204，204），进行填充，从而完成企业员工制服的设计制作。选择"文件"→"存储"命令存储文件。

5. 技巧点拨

1）"描边路径"

（1）新建一个空白文件，选择"钢笔工具"绘制一根线条，如图 3-80 所示。

图 3-80　绘制线条

（2）在绘制的线条处右击，在弹出的快捷菜单中选择"描边路径"命令，出现如图 3-81 所示的对话框。在"工具"中有如图 3-82 所示多种选项，可根据需要自行选择。

图 3-81　"描边路径"对话框

图 3-82　"工具"选项

图 3-83　"画笔"描线效果　　图 3-84　"铅笔"描线效果

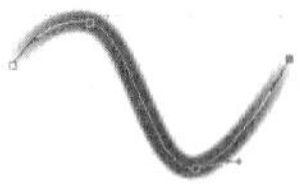

图 3-85　模拟压力效果

（3）如选择"画笔"选项，描线效果如图 3-83 所示；如选择"铅笔"选项，描线效果如图 3-84 所示。

（4）如果在如图 3-81 所示的"描边路径"对话框中勾选"模拟压力"复选框，则会自动生成带压感效果的线条，如图 3-85 所示。

（5）"描边路径"相对于图层样式中的"描边"提高了图形描边的质量，使得描边效果更符合图形外观，如图 3-86 所示，左图为描边路径心形的效果，右图为描边心形的效果。两者的设置分别为如图 3-87 和图 3-88 所示。

图 3-86　描边路径心形和描边心形的区别

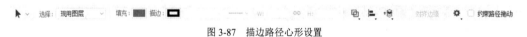

图 3-87　描边路径心形设置

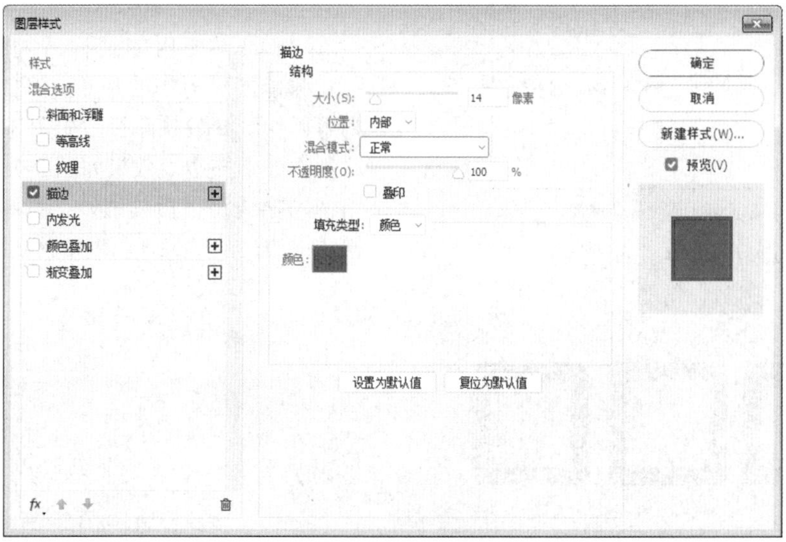

图 3-88　描边心形设置

项目一

项目二

项目三

项目四

项目五

项目六

项目七

注意：可选择工具箱中的"自定形状工具"，绘制一个心形轮廓进行测试。

（6）描边路径可以制作更多样化的线条，打开如图 3-89 所示的"描边选项"面板，可以看到，有不同的线条类型及端点的形状设置等，可以帮助我们减少图形绘制的工作量。

图 3-89　描边选项

单击"对齐""端点""角点"下拉列表，可以进行如图 3-90 所示的设置。

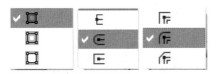

图 3-90　多选项设置

单击"更多选项"按钮则会出现如图 3-91 所示的对话框，可以有更为详细的设置。

图 3-91　更多选项设置

如图 3-92 所示，3 个矩形的角点的设置分别为斜接、圆形、斜面。

图 3-92　3 个矩形角点效果

（7）描边路径便于线条的后期修饰与圆滑。如图 3-93 所示，用"钢笔工具"绘制一根折线，进行路径描边后折线端点出现了不自然的部分，如图 3-94 所示。

图 3-93　绘制折线图　　　图 3-94　折线描边效果

此时可以通过在如图 3-95 所示的"描边选项"面板中对角点和端点进行重新设置，最终得到如图 3-96 所示圆润自然的线条。

图 3-95　折线参数设置

图 3-96　折线修正后圆润效果

（8）如果使用图层样式对路径进行描边，只能出现封闭的路径，但使用描边路径则可以绘制开放式路径。如图 3-97 所示绘制路径，分别描边后效果如图 3-98 所示，左图为使用描边路径后的线条；右图为使用图层样式描边后的效果，出现了封闭路径。

图 3-97　绘制不封闭的路径

图 3-98 路径描边和图层样式描边后区别

2）"填充路径"

（1）打开素材库中的"素材—植物"图片。选择"钢笔工具"绘制叶子的路径，在该路径上右击，在弹出的快捷菜单中选择"填充路径"命令。

在如图 3-99 所示的对话框中可以对填充路径进行多样化的设置，如使用的颜色、混合方式、渲染的羽化半径等。

图 3-99 "填充路径"对话框

（2）在"内容"下拉列表中有如图 3-100 所示几种选择方式，如果选择"前景色"选项则根据当前颜色进行填充，如图 3-101 所示。

图 3-100 "内容" 图 3-101 填充前景色后效果
下拉列表

在"混合模式"下拉列表中有如图 3-102 所示多种选择方式，如选择"差值"选项，则根据当前颜色进行填充，效果如图 3-103 所示；如选择"滤色"选项，并设置羽化半径为"10 像素"，效果如图 3-104 所示。

图 3-102 "混合模式"
下拉列表

图 3-103 选择"差值"后效果

图 3-104 选择"滤色"后效果

（3）在"内容"下拉列表中选择"图案"选项，则可对路径区域进行图案填充，如图 3-105 所示可自定义图案、添加脚本图案等，完成后效果如图 3-106 所示。

图 3-105 选择"图案"选项

图 3-106 选择"图案"后效果

3.4.2　应用模式——员工 Polo 衫设计与制作

1. 任务效果图（见图 3-107）

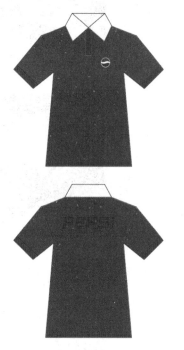

图 3-107　"员工 Polo 衫设计与制作"效果图

2. 关键步骤

Step 01　打开素材库中的"素材—女员工 2"，如图 3-108 所示。按照前面引导模式中"员工制服设计与制作"的方式用"钢笔工具"绘制出 Polo 衫的轮廓线，如图 3-109 所示。

图 3-108　素材—女员工 2

图 3-109　员工 Polo 衫轮廓图

Step 02　选择"图层"→"合并图层"命令，使所绘制的两个半面服装轮廓线成为一个图层，便于复制和上色。

Step 03　复制画有正面轮廓图的图层得到它的拷贝图层，隐藏原来的正面轮廓图图层，选择工具箱中的"橡皮擦工具"，在其选项栏中设置画笔大小为"6 像素"，硬度为"100%"，将领子部分擦除，效果如图 3-110 所示。

图 3-110　员工 Polo 衫反面轮廓图

Step 04　选择工具箱中的"画笔工具"，设置颜色为黑色，按住【Shift】键不放，绘制领子反面的轮廓线，完成 Polo 衫的反面轮廓图。

Step 05　将正面轮廓图图层取消隐藏，同时选中正面、反面轮廓图图层，按【Ctrl+T】组合键对 Polo 衫正面、反面图进行缩放。选择工具箱中的"移动工具"，将 Polo 衫的正面图位于画面上部，反面图位于画面下部，效果如图 3-111 所示，图层控制面板如图 3-112 所示。

注意：按住【Shift】键可进行等比缩放。

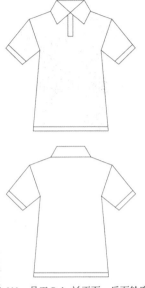

图 3-114　logo 选区放置位置

图 3-111　员工 Polo 衫正面、反面轮廓图

图 3-112　图层控制面板

Step 06 打开素材库中的"素材—企业logo2"图片，选择工具箱中的"椭圆选框工具"，选择如图 3-113 所示选区。选择工具箱中的"移动工具"将其拖至"素材—女员工 2"文件中，按【Ctrl+T】组合键，调整 logo 大小，置于 Polo 衫的正面，位置如图 3-114 所示。

Step 07 选择工具箱中的"魔棒工具"，在其选项栏中单击"添加到选区"按钮，设置容差为"20"，在画面中选择 Polo 衫正面图、反面图中的袖口翻边、衣服底边、领口等部分。新建一个图层，选择工具箱中的"吸管工具"，吸取 logo 上的蓝色，颜色值为 RGB（0，68，139）。选择工具箱中的"油漆桶工具"进行填充。按【Ctrl+D】组合键，取消选区。

Step 08 新建一个图层，选择工具箱中的"吸管工具"，吸取 logo 上的红色，颜色值为 RGB（206，0，13）。选择工具箱中的"魔棒工具"，在其选项栏中单击"添加到选区"按钮，设置容差为"20"，在画面中选择 Polo 衫正面图、反面图中的袖子、大身部分。选择工具箱中的"油漆桶工具"进行填充。按【Ctrl+D】组合键，取消选区。效果如图 3-115 所示。

图 3-113　logo 选区

图 3-115　填充颜色后的 Polo 衫

项目一

项目二

项目三

项目四

项目五

项目六

项目七

Step 09 打开素材库中的"素材—企业 logo2"图片，选择工具箱中的"魔棒工具"，在其选项栏中单击"添加到选区"按钮，设置容差为"40"，选择字母"PEPSI"。选择工具箱中的"移动工具"将其拖至"素材—女员工 2"文件中。按【Ctrl+T】组合键，调整 logo 大小，置于 Polo 衫的背面，位置如图 3-116 所示，完成员工 Polo 衫的制作。

图 3-116　Polo 衫背面添加字母

3.5　任务 5　标志设计之流行元素

3.5.1　引导模式——古典中国风标志设计

1. 任务描述

利用文字的搭配和"画笔""斜面和浮雕"等命令，完成一幅古典中国风特色的文字标志。

2. 能力目标

① 能熟练运用"自由变换""斜切""缩放"等命令对文字进行调整；

② 能熟练运用"画笔工具"和"橡皮擦工具"制作文字底部印章效果；

③ 能熟练运用"斜面和浮雕"命令使文字具有立体效果。

3. 任务效果图（见图 3-117）

图 3-117　"古典中国风标志设计"效果图

4. 操作步骤

Step 01 新建文件，设置名称为"古典中国风标志"，宽为"400 像素"，高为"400

像素"，分辨率为"300 像素 / 英寸"，颜色模式为"RGB 颜色"，具体参数如图 3-118 所示。

图 3-118　新建文件

Step 02 选择工具箱中的"横排文字工具" T.，设置字体为"STXingkai"（华文行楷），大小为"40 点"，字体颜色任选，在画布上添加文字"天"，如图 3-119 所示。同样方法输入"河"字，大小为"40 点"；"之"字大小为"30 点"，调整位置如图 3-120 所示。注意：古代文字为从右至左的书写顺序，因此设计标志时应采用同样的书写顺序。

图 3-119　输入文字"天"　图 3-120　输入文字"之""河"

Step 03 为了使字体排版不至于过于呆板，可利用"自由变换""斜切""缩放"等命令对 3 个字进行适当调整，如图 3-121 所示。

图 3-121　文字调整后效果

Step 04 选中"背景"图层，然后新建一个图层为"图层 1"。选择工具箱中的"画笔工具" ✐，设置颜色值为 RGB（223，30，30），画笔大小为"20 像素"，硬度为"100%"，如图 3-122 所示。在画布上进行绘制，效果如图 3-123 所示。注意：涂抹区域的边缘要故意绘制成不光滑的效果。

图 3-122　画笔设置

图 3-123　画笔绘制后效果

Step 05 选择"天"字图层，按住【Ctrl】

键不放，将光标移至该图层缩略图左侧，出现一个选框标志，如图 3-124 所示，此时单击，载入"天"字选区。

图 3-124　图层控制面板中选择"天"字为选区

Step 06 隐藏"天"字图层，选择"图层 1"，然后按【Delete】键，将文字形状从红色涂抹区域里删除，接着按【Ctrl+D】组合键取消选区，此时画面效果如图 3-125 所示。使用同样的方法在红色涂抹区域中删去"之""河"两字，效果如图 3-126 所示。

图 3-125　红色涂抹区域　图 3-126　红色涂抹区域删
删除"天"字　　　　除"之""河"字

Step 07 选择工具箱中的"画笔工具" ✐，设置大小为"3 像素"，硬度为"100%"，在抠出的文字边缘处适当进行涂抹以模仿印章效果，如图 3-127 所示。在此过程中，可结合"橡皮擦工具" ✐ 一同使用。

图 3-127　绘制模仿图章效果

Step 08 双击"图层 1"图层弹出"图层样式"对话框，勾选"斜面和浮雕"复选框，设置方法为"雕刻清晰"，大小为"4 像素"；

阴影角度为"90"度，高度为"30"度，高光模式为"叠加"，颜色为"白色"，不透明度为"75%"；阴影模式为"正常"，颜色为"黑色"，不透明度为"60%"，如图 3-128 所示，让图标具有一定的立体感。

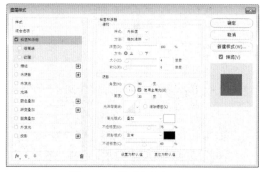

图 3-128　"斜面和浮雕"设置

⊙ 5. 中国风艺术风格介绍

中国风包括复古的古典中国风和具有现代审美的现代中国风，两者都是在中国传统文化的基础上演变而来的。无论是在音乐、服饰领域，还是在电影、广告等行业，中国风越刮越热。如收视率极高的《舌尖上的中国》《我在故宫修文物》，海报如图 3-129 和图 3-130 所示。此外，众多国货潮牌也深受当代年轻人的喜爱，成为最热门的产品，如花西子、MYGE 等，如图 3-131 至图 3-133 所示。

图 3-129　《舌尖上的中国》第三季海报

图 3-130　《我在故宫修文物》海报

图 3-131　花西子眼影盘海报

图 3-132　花西子眼影盘广告

图 3- 133　MYGE x C-BLOCK x RENEW LUSHAN
联名的"庐山"T 恤

代表中国风的元素有很多，如祥云、书法、水墨等，如图 3-134 至图 3-136 所示。但在运用时切忌元素堆砌，需要针对设计内容本身进行研究后再考虑如何将中国风的元素结合使用，注重意境的表达与抒发。

图 3-134　书法元素应用　　图 3-135　佛手元素应用

图 3-136　云纹元素应用

中国风并不意味着"因循守旧"，当今的中国元素能够非常灵活地与很多新事物相结合，从而碰撞出极具创意的独特艺术风格。

3.5.2　应用模式——现代中国风标志设计

◎ 1. 任务效果图（见图 3-137）

图 3-137　"现代中国风标志设计"效果图

◎ 2. 关键步骤

Step 01 选择工具箱中的"椭圆工具" ○，设置宽度为"186 像素"，高度为"186 像素"，颜色任选，按住【Shift】键在画布上绘制一个正圆形，如图 3-138 所示。

图 3-138　绘制正圆形

Step 02 按【Ctrl+Alt+T】组合键出现路径变换标识，如图 3-139 所示。然后，按

【Shift+Alt】组合键，向正圆形中心等比例缩小路径，如图 3-140 所示，单击选项栏上的"确认路径"按钮 ✓，如图 3-141 所示。

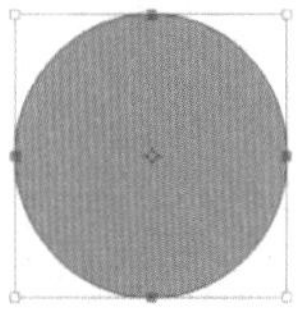

图 3-139　路径变换标识

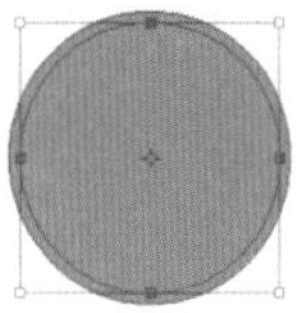

图 3-140　等比缩小路径

Step 03 在选项栏上单击"路径操作"按钮 □，如图 3-142 所示。在弹出的菜单中选择第 3 个"减去顶层形状"命令，如图 3-143 所示，得到一个圆环形状，此时画面效果如图 3-144 所示。

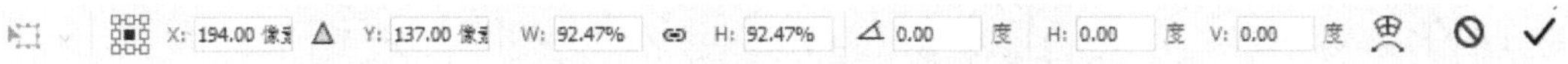

X: 194.00 像素 △ Y: 137.00 像素 W: 92.47% ∞ H: 92.47% ∠ 0.00 度 H: 0.00 度 V: 0.00 度 ☒ ⊘ ✓

图 3-141　选项栏含"确认路径"按钮

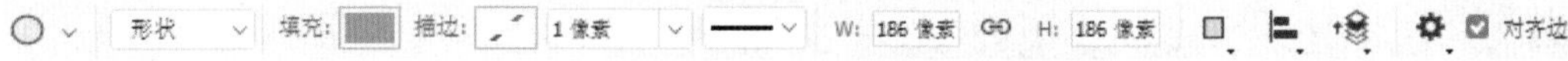

○ ∨ 形状 ∨ 填充: 描边: 1 像素 ∨ W: 186 像素 ∞ H: 186 像素 □ ⊨ ☒ ☑ 对齐边缘

图 3-142　选项栏含"路径操作"按钮

图 3-143　"减去顶层形状"命令

图 3-144　获得圆环形状

Step 04 按【Ctrl+Alt+T】组合键再次进行路径变换，同时按【Shift+Alt】组合键，向圆形中心等比例缩小路径，单击"确认路径"按钮 ✔，此时的画面效果如图 3-145 所示。

图 3-145　再次进行路径变换

Step 05 在选项栏中单击"路径操作"按钮 ▣，在弹出的菜单中选择第 2 个"合并形状"命令，如图 3-146 所示，得到一个正圆形状，此时的画面效果如图 3-147 所示。

图 3-146　"合并形状"命令　　图 3-147　获得正圆形状

Step 06 接着重复步骤 2 至步骤 5 多次，直至出现如图 3-148 所示的效果，也可以绘制成由外向内圆环宽度逐渐减小的效果，如图 3-149 所示。

图 3-148　圆环宽度一致　　图 3-149　圆环宽度呈
　　　的效果　　　　　　　　　　　渐变效果

Step 07 选择工具箱中的"椭圆工具" ◯，绘制一个与之前同样大小的正圆，然后拉一条垂直参考线位于圆环中心，将蓝色正圆形移至如图 3-150 所示位置。然后复制一个蓝色正圆形移至如图 3-151 所示位置。同时选中两个蓝色正圆形图层，按【Ctrl+E】组合键合并图层。

图 3-150　将蓝色正圆形　　图 3-151　将复制的蓝色正圆形
　　　移至所示位置　　　　　　　移至所示位置

Step 08 选择蓝色圆环图层，右击，在弹出的快捷菜单中选择"栅格化图层"命令。将双圆合并形状移至如图 3-152 所示位置，为了便于分辨形状，将双圆合并形状改为红色。

图 3-152　双圆合并移动后效果

Step 09 利用选区工具等方法将圆环下半部分删除，得到如图 3-153 所示鱼鳞纹样。复制多个纹样，然后合并图层，利用"选框工具"获取需要的选区部分，如图 3-154 所示。

图 3- 153　鱼鳞纹样

图 3-154　复制多个纹样

3.6 实践模式——"传媒公司"名片设计

相关素材

制作要求：根据所给素材和模板（素材3-1～素材3-3），自制"伯雅文化传媒"公司的名片。尽量选择画面中已有的颜色进行搭配，能够使整个画面色彩更为协调统一。可参考如图3-155 所示效果图制作。

素材3-3 花纹素材

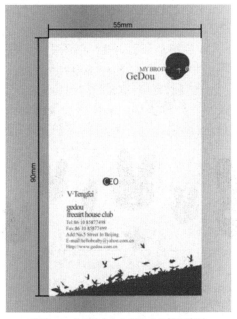

素材3-1 "伯雅文化传媒"名片模板素材

素材3-2 "伯雅文化传媒"Logo 素材

图 3-155 名片设计参考效果图

知识扩展

➊ 1. 对称版面设计与不对称版面设计

1）对称设计

（1）纯文字版面。整个版面中只有文字的对称设计，如图3-156 所示。只有纯标题文字时，可以将标题文字置于版面中间位置，且保持对称的形式，给人以整齐、醒目的感觉；标题和内容文字相结合时，内容文字必须排列整齐，并且要与标题保留适当的空间以突出标题；只有纯内容文字时，则可以进行适当的分栏，如两分栏、三分栏、四分栏等，依然要保持文字的整齐与秩序，但注意适当留白。

图 3-156　纯文字版面

注意：不要把整个版面全都排满，避免给人眼花缭乱的感觉。

（2）纯图片版面。整个版面中只有图片的对称设计，如图 3-157 所示。图片可以作为主体放置于页面的正中，用来强调主题；也可以作为装饰，置于页面两侧，或者按照一定比例大小有规律地排放。同样，也需要注意整个页面留白的重要性。

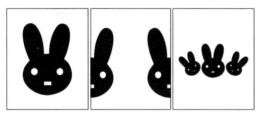

图 3-157　纯图片版面

（3）文字与图片混合版面。整个版面中既有文字也有图片的对称设计，如图 3-158 所示。图片与标题同时出现时，注意图片与标题之间应有适当的间隔，并且注意图片与标题的大小比例，可以以图为主，也可以字为主，但尽量避免图片与标题所占的面积一样大。当标题、内容、图片同时出现时，应当合理分布各部分所占的比例，文字可以沿着图形的外形进行排版，但应注意适当的留白。

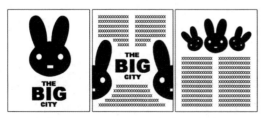

图 3-158　文字与图片混合版面

2）不对称设计

（1）纯文字版面。整个版面中只有文字的不对称设计，如图 3-159 所示。在不对称

设计中，版面的均衡感非常重要，应给人稳定、平衡的感觉。

图 3-159　纯文字版面

注意：在布局的过程中依然要遵循一定的规律，切忌太过随意。

（2）纯图片版面。整个版面中只有图片的不对称设计，如图 3-160 所示。图片通过大小比例的变化、摆放位置与角度的变化，可以产生一种协调的韵律感，增强版面的活力。

图 3-160　纯图片版面

（3）文字与图片混合版面。整个版面中既有文字也有图片的不对称设计，如图 3-161 所示。版面的韵律来自文字、图片的大小、位置，留白的大小等，主体应尽量在整个版面的中间，处于视觉中心的位置。

图 3-161　文字与图片混合版面

2. 图片的使用

1）现成图片

现存的图片往往不完全符合使用者的要求，这时可对图片进行裁剪、修改等操作。

（1）图片的裁剪。通过对原图进行裁剪，可以获得许多不同的效果。如图 3-162 所示，通过剪裁，不仅改变了画面的大小，而且去除了画面下方的文字及右边的人物，使其成为一个新的画面。

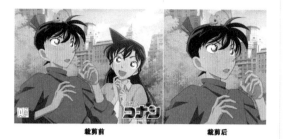

裁剪前
裁剪后

图 3-162　图片的裁剪

注意：在裁剪的过程中不要裁掉不该裁的部分，比如说图 3-162 中人物的头发、松鼠等，同时，也不应当留下不需要的部分，比如右边人物的身体、头发或手等。

（2）图片的修改

可以通过 Photoshop 等软件对图片进行修改。如图 3-163 所示，调整画面的色彩，根据场景添加光晕等效果，使图片达到我们所需要的效果。

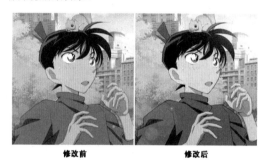

修改前
修改后

图 3-163　图片的修改

2）自制图片

当没有合适的图片可以使用时，可以通过软件自制所需的图片，如图 3-164 所示，如一些图表或图像等。

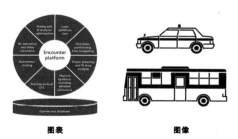

Encounter platform
图表
图像

图 3-164　自制图片

3. 文字的使用

1）字体的清晰性

版面中字体的清晰度直接影响着人们的观看兴趣与观看效率，标题可选用的字体范围较广，而正文内容或某些注释内容等小字则必须采用较为简洁的字体，便于人们的辨识，如图 3-165 所示。

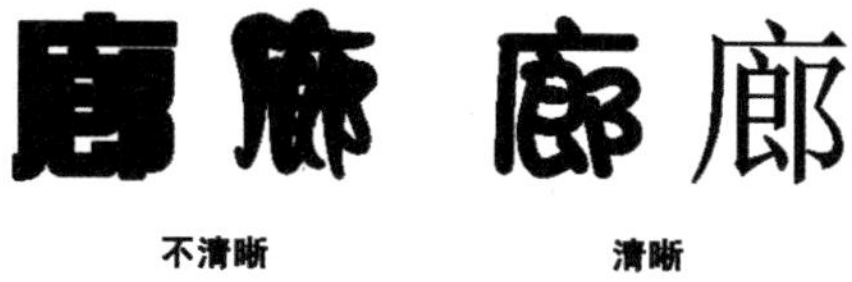

廊 廊 廊 廊
不清晰
清晰

图 3-165　字体的清晰性

2）字体的大小

通常标题、副标题等部分的字体较大，而正文及注释部分的字体较小，应当按照内容级别的高低进行字体大小的安排，同一层次内容的字体应当采用相同的大小，以避免造成阅读的混乱，如图 3-166 所示。

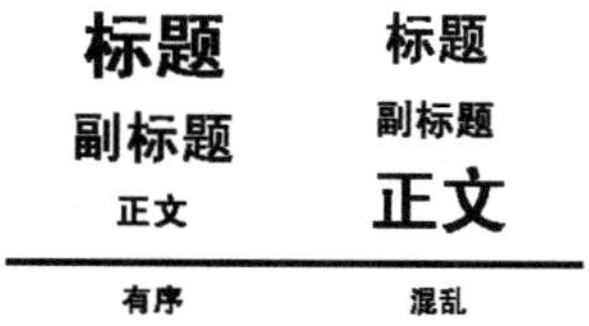

标题
副标题
正文
有序
标题
副标题
正文
混乱

图 3-166　字体的大小

3）字距

字体与字体之间的间距对于阅读也有很大的影响，太过紧密的字距会增加阅读的难度，使人产生视觉疲劳；而太过松散的字距则会分散人们的注意力。有时在实际操作时需要使用疏密不同的字距来达到所要的效果，且应保证文字的可阅读性，如图 3-167 所示。

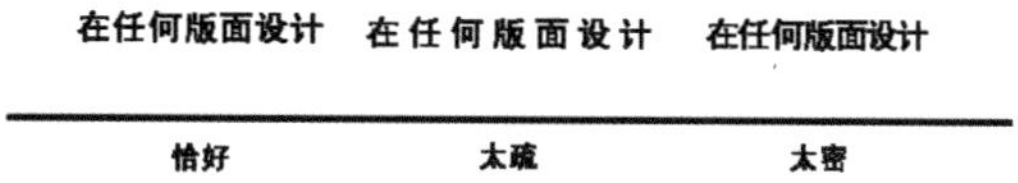

在任何版面设计
在 任 何 版 面 设 计
在任何版面设计
恰好
太疏
太密

图 3-167　字距

4）行距

文字行与行之间的距离与字距一样，需要合适的距离才能保证文字的舒适的视觉效果，如图 3-168 所示。

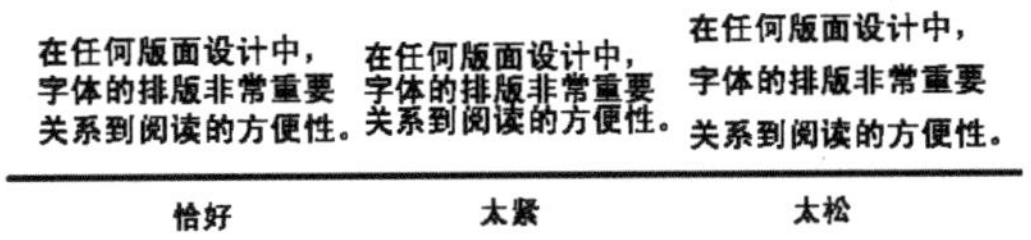

在任何版面设计中，字体的排版非常重要关系到阅读的方便性。	在任何版面设计中，字体的排版非常重要关系到阅读的方便性。	在任何版面设计中，字体的排版非常重要关系到阅读的方便性。
恰好	太紧	太松

图 3-168　行距

5）样式

根据内容的不同，我们可以选择不同样式的字体来更好地传达相关的内容，如图 3-169 所示。

抖 硬 圆 瘦

图 3-169　样式

3.7　知识点练习

一、填空题

1. 在图层控制面板上，_____是不能上下移动的，只能是最下面一层。

2. 要对文字图层执行滤镜效果的操作，首先选择"图层"→"_____"→"文字"命令，然后选择任何一个滤镜命令。

3. 文字图层中文字信息的文字颜色、文字内容、_____可以进行修改和编辑。

二、选择题

1. 如图 3-170 所示，将左图中的文字使用"文字变形工具"变形至右图中的文字效果，使用的是工具（　　）。

A. 扇形　　　　　　B. 下弧

C. 拱形　　　　　　D. 旗帜

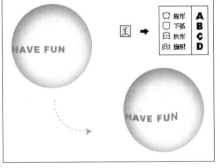

图 3-170　文字变形效果 1

2. 如图 3-171 所示，图中的文字变形效果是由"创建变形文字工具"完成的，该效果采用了（　　）命令。

A. 鱼形　　　　　　B. 膨胀

C. 凸起　　　　　　D. 鱼眼

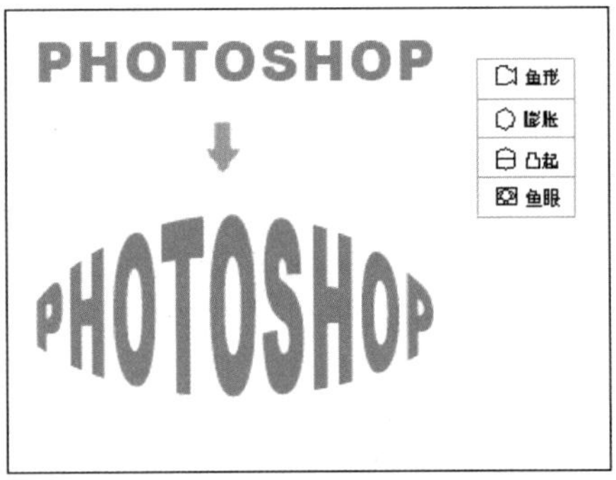

图 3-171　文字变形效果 2

3. 如图 3-172 所示，从图 A 到图 B 的变化，对文本块执行的操作是（　　）。

A. 单击"段落"选项卡中的居左对齐按钮

B. 单击"段落"选项卡中的居中对齐按钮

C. 单击"字符"选项卡中的居左对齐按钮

D. 单击"字符"选项卡中的居右对齐按钮

图 3-172　文本块的变化

4. 如图 3-173 所示，为图 A 中的部分文字添加特殊效果，变为图 B 的状态，以下说法正确的是（　　）。

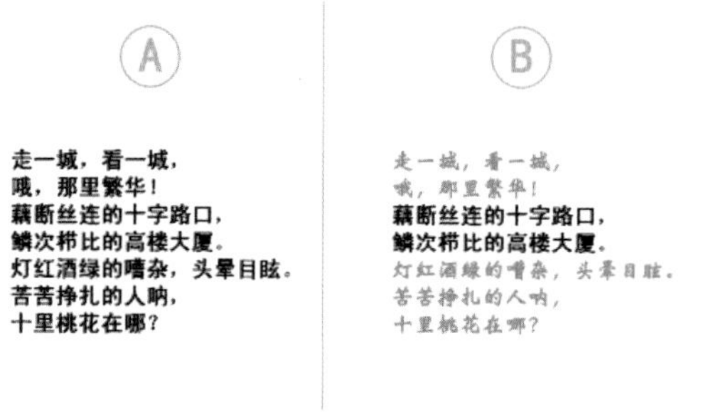

图 3-174　使用图层样式制作的效果图

A．投影　　　　　　B．内阴影
C．内发光　　　　　D．外发光
E．斜面和浮雕　　　F．图案叠加

三、判断题

1. 对文字执行"仿粗体"操作后仍能对文字图层应用图层样式。

（　　）

2. 在字符调板中的字体系列列表中，黑体字显示为"SimHei"，如果要显示字体的中文名称，可以选择"编辑"→"预置"→"常规"命令，选择"显示亚洲文本"选项。

（　　）

3. 在 Photoshop 中不能直接对背景图层添加调整图层。

（　　）

图 3-173　文字特殊效果的变化

A．图 B 中，一定是使用了字符样式为文字设置特殊属性

B．图 B 中，一定是选中文字后设置的文字属性

C．图 B 中，可能是使用了字符样式改变了文字的属性

D．使用段落样式制作图 B 中文字的特殊效果是最方便的

5. 如图 3-174 所示是使用图层样式制作的效果，请问不需要用到下列哪个图层样式实现这种效果？（　　）

包装设计篇

本篇学习要点：

• 掌握包装设计领域所涉及的多种类型；

• 了解各类型包装的特点及不同之处；

• 掌握书籍包装、产品包装的不同设计与制作方法；

• 掌握各任务相关工具的使用技巧与知识点；

• 掌握书籍包装、产品包装设计的一些流行风格的制作及应用；

• 能应用包装设计理念和Photoshop工具进行包装作品的构思与创造；

• 懂得包装设计的真正理念，要用好的书籍武装头脑，要用优质的产品来提升文化自

　信，真实地包装自己，树立正确的人生观。

项目四 书籍包装设计

　　包装作为一门综合性学科，具有商品和艺术相结合的双重性。包装是品牌理念、产品特性、消费心理的综合反映，直接影响到消费者的购买欲，所以包装是建立产品亲和力的有力手段。包装的功能是保护商品、传达商品信息、方便使用、方便运输、促进销售和提高产品的附加值。在经济全球化的今天，包装与商品已融为一体，作为实现商品价值和使用价值的手段，在生产、流通、销售和消费领域，发挥着极其重要的作用。

4.1 任务1 书籍封面设计

4.1.1 引导模式——《古希腊建筑欣赏》封面设计

◎ 1. 任务描述

利用"图层蒙版""文字工具""渐变工具"等，制作一张内容为古希腊建筑欣赏的书籍封面。

◎ 2. 能力目标

① 能熟练运用"图层蒙版"功能进行多图片的无缝融合；

② 能熟练运用"文字工具"进行文字排版；

③ 能熟练运用"画笔工具"进行蒙版的编辑以达到所需效果；

④ 能利用"画笔工具"达到描边的效果。

◎ 3. 任务效果图（见图4-1）

图4-1 《古希腊建筑欣赏》封面设计效果图

◎ 4. 操作步骤

Step 01 创建新文件，在"预设"中选择"打印"→"A4"选项，设置颜色模式为"RGB颜色"，输入名称"书籍封面设计"，分辨率为"120像素/英寸"。选择"视图"→"标尺"命令，或按【Ctrl+R】组合键显示标尺。

Step 02 打开素材库中的"素材—背景"图片，选择"移动工具"将其拖至新建文件中，使其放大铺满整个画面成为"图层1"，如图4-2所示。打开素材库中"素材—地图"图片，选择"移动工具"将其拖至新建文件中，置于画布上方成为"图层2"，如图4-3所示。

图4-2 添加"素材—背景"后效果

图 4-3 添加"素材—地图"后效果

Step 03 在图层控制面板中，单击下方的"添加图层蒙版"按钮 ▢ ，为"图层 2"添加图层蒙版。选择工具箱中的"渐变工具"，在其选项栏中选择"线性渐变"，设置渐变类型为"黑，白渐变"，按住【Shift】键不放，在画面中部自下至上绘制一条垂直线，此时蒙版缩略图颜色为上白下黑▧，画面效果如图 4-4 所示。

图 4-4 添加图层蒙版后效果

Step 04 打开素材库中的"素材—古堡"图片，选择"移动工具"将其拖至当前文件中，置于画面下方成为"图层 3"，如图 4-5 所示。采用与上一步骤相同的方法为"图层 3"添加图层蒙版，选择工具箱中的"渐变工具"，在其选项栏中选择"线性渐变"，设置渐变类型为"黑，白渐变"，按住【Shift】键不放，在画面中部自上至下绘制一条垂直线，此时蒙版缩略图颜色为上黑下白▧。设置前景色为黑色，选择"画笔工具"并设置适当的画笔大小，在蒙版上将天空部分抹去，如图 4-6 所示。

图 4-5 添加"素材—古堡"后效果

图 4-6 抹去天空部分

Step 05 新建图层"图层 4"，选择"画笔工具"，在"素材—古堡"图片上按住【Alt】键吸取天空的蓝色，选择合适的画笔在建筑物周围进行涂抹。在图层控制面板中，将"图层 4"移至"图层 3"下方，效果如图 4-7 所示。

图 4-7 添加蓝色后效果

Step 06 在图层控制面板中，选中"图层3"，选择工具箱中的"横排文字工具"，分别在画面的中间与底部输入如下文字："古希腊建筑欣赏""古希腊建筑艺术杰作的普遍优点在于高贵的单纯和静穆的伟大。高贵的单纯和静穆的伟大典型地体现在多立克和爱奥尼两种柱式的建筑里。作为建筑艺术典范的神庙建筑则成为古希腊建筑艺术的原型，是古希腊留给世人最珍贵的文化遗产。""行遍天下特搜小组 编""世界文化出版社"。最后在画面四周绘制一些线框用以统一版式，效果如图 4-8 所示。

图 4-8　添加文字后效果

○ 5. 技巧点拨

1）画笔涂抹编辑"图层蒙版"

当图层创建蒙版后，用黑色画笔在蒙版上涂抹将隐藏当前图层内容，显示下面的图像；相反，用白色画笔在蒙版上涂抹则会显露当前图层信息，遮住下面的图层。打开素材库中的"素材—海洋"图片和"素材—土地"图片，并如图 4-9 所示放置，画面中有两个图层，一个是海洋图层，另一个是土地图层。当添加"图层蒙版" 🔲 后，在图层控制面板中，土地图层缩略图右侧会出现一个蒙版图层缩略图，如图 4-10 所示。

选择工具箱中的"画笔工具"，设置前景色为黑色，在土地上涂抹，土地就消失了，效果如图 4-11 所示。设置前景色为白色进行涂抹，此时被擦去的土地又重新显示出来。

图 4-9　海洋与土地图片

图 4-10　蒙版图层缩略图

图 4-11　涂抹土地后效果

2）由选区创建"图层蒙版"

由当前选区也可以创建"图层蒙版"。如图 4-12 所示，在图像上创建一个选区，在图层控制面板中，单击下方的"添加图层蒙版"按钮，图层控制面板状态如图 4-13 所示，效果如图 4-14 所示。

图 4-12　添加选区

图 4-13　创建图层控制面板"白色填充选区"

图 4-14　创建"白色填充选区"蒙版后效果

项目一

项目二

项目三

项目四

项目五

项目六

项目七

图 4-15　图层控制面板"黑色填充选区"

要显示选区，则蒙版内用白色填充选区，选区外用黑色填充；隐藏选区则相反，图层控制面板如图 4-15 所示，效果如图 4-16 所示。选择"图层"→"图层蒙版"命令，选择"显示选区"或"隐藏选区"，也可以得到以上效果。

图 4-16　创建"黑色填充选区"蒙版后效果

4.1.2　应用模式——封底设计

● 1. 任务效果图（见图 4-17）

图 4-17　封底设计效果图

● 2. 关键步骤

Step 01 用相关素材制作书籍封底，在封

底右下角绘制一个长方形，填充为白色。新建图层，设置前景色为"黑色"，选择工具箱中的"铅笔工具"，设置画笔大小为"1"像素，如图 4-18 所示。如图 4-19 所示，在白色区域下方绘制一根直线。

图 4-18　"铅笔工具"设置

Step 02 选择"滤镜"→"杂色"→"添加杂色"命令，打开"添加杂色"对话框，设置数量为最大（400%）并勾选窗口左下角的"单色"选项，效果如图 4-20 所示。

Step 03 按【Ctrl+T】组合键开启自由变换模式，将选区向上拉成长方形，效果如图 4-21 所示。选择"图像"→"调整"→"色阶"命令，打开"色阶"对话框，将左右两端黑白箭头推至中央加强对比度，去除中间的灰色线条，如图 4-22 所示。

项目一

项目二

项目三

项目四

项目五

项目六

项目七

图 4-19　绘制直线后效果

图 4-20　添加杂色后效果

图 4-21　自由变换后效果

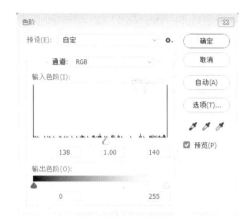

图 4-22　"色阶"对话框

Step 04 在条形码周围添加数字编码和其他内容，效果如图 4-23 所示。

图 4-23　添加文字后效果

4.2　任务 2　书籍扉页设计

4.2.1　引导模式——流行杂志扉页设计

1. 任务描述

利用"背景橡皮擦工具""拾色器工具""模糊工具"等，制作一张内容为时尚服装的杂志扉页。

2. 能力目标

① 能使用"图像大小"命令查看图像分辨率及大小；

② 能熟练运用"移动工具"进行画面排版；

③ 能熟练运用"背景橡皮擦工具"进行背景的擦除；

④ 能熟练运用"模糊工具"模糊人物边缘。

3. 任务效果图（见图 4-24）

图 4-24　"流行杂志扉页设计"效果图

● 4. 操作步骤

Step 01 打开素材库中的"素材—杂志封面"图片,选择"图像"→"图像大小"命令,打开"图像大小"对话框,如图4-25所示,查看封面的图像大小及分辨率。新建文件,设置与封面相同的图像大小及分辨率,宽度为"594像素",高度为"800像素",分辨率为"100像素/英寸"。将素材库中的"素材—人物"图片拖至文件中成为"图层1",调整大小,效果如图4-26所示。

图4-25　"图像大小"对话框

图4-26　添加"素材—人物"素材后效果

Step 02 复制人物图层为"图层1 拷贝",新建图层为"图层2",填充为白色。将素材库中的"素材—天空"图片拖至文件中成为"图层3",调整其大小并布满整个画布,在图层控制面板中,拖动该图层位于"图层1 拷贝"图层的下方。在图层控制面板中,使"图层2"位于天空图层的下方,用该白色图层检查下面人物背景擦除效果,如图4-27所示。

Step 03 选择"图层1 拷贝",单击工具箱中的"设置前景色工具",用"吸管工具"单击发梢处取色作为前景色。单击"背景色"拾色器,用"吸管"在头发以外区域取色,前景、背景色按钮变成状态。选择工具箱

中的"背景橡皮擦工具",在选项栏中设置"取样:背景色板",限制为"不连续",容差为"50%",勾选"保护前景色"复选框,选择合适大小的笔刷在画面中进行擦拭。再次选择"背景橡皮擦工具",重新设置前景色、背景色,对图层再次进行擦拭。待所有部分大致擦拭完后,可选择"橡皮擦工具"再进行细节擦拭,直至所有灰色背景擦拭干净为止。将"图层3"隐藏,用"图层2"白色检查人物背景擦除效果,检查结束显示"图层3"。擦拭后效果如图4-28所示。

注意:擦到人物边缘处时要小心,可以放大图像进行擦拭,细微处将画笔的硬度调低一些,擦错的地方可按【Ctrl+Z】组合键退回上一步骤重新擦拭,头发处可采用此方法。大面积的背景可直接采用"橡皮擦工具"进行擦除。

图4-27　当前图层控制面板状态

图4-28　使用"背景橡皮擦"后效果

Step 04 调整天空图层的色相、饱和度、亮度,使其与"素材—杂志封面"图片背景的色彩相统一。新建图层,选择工具箱中的"渐变工具",选择渐变方式为"前景色到

透明渐变"，在"渐变编辑器"对话框中，将左、右侧色标颜色均设置为白色。在图层下方拉出一段渐变，使背景下面部分的颜色不要太深，设置图层不透明度为"70%"，效果如图 4-29 所示。

图 4-29　调整天空色彩后效果

Step 05 调整"图层 1 拷贝"的饱和度、色相，使其与"素材—杂志封面"图片中人物的肤色相协调。选择工具箱中的"模糊工具"擦拭人物边缘。画面效果如图 4-30 所示。

图 4-30　调整人物色彩后效果

Step 06 选择"横排文字工具"，输入文字"glamourama"，设置颜色值为 RGB（255，51，51），字体为"Arial Black"，大小为"48点"，"仿粗体"，置于如图 4-31 所示位置。输入文字"Widely regarded as the doyen of Italian fashion, he has kept investors guessing on the future of his company, at times hinting at a bourse listing and at other times signaling he could sell the group."，设置颜色值为 RGB（255，51，51），字体为"Arial Black"，大小为"10 点"，"仿粗体"，效果如图 4-31 所示。

图 4-31　添加文字后效果

5. 技巧点拨

1）模糊工具

"模糊工具" 的作用是将画面上涂抹的区域变得模糊，从而突显主体。模糊的最大效果体现在色彩的边缘上，原本清晰分明的边缘在模糊处理后边缘被淡化，整体就感觉变模糊了。如图 4-32 所示的"素材—吹泡泡"图片，经过模糊处理后的效果如图 4-33 所示。

图 4-32　"素材—吹泡泡"图片

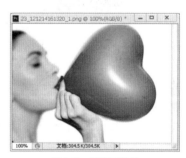

图 4-33　模糊后效果

操作"模糊工具"时，鼠标在一个地方停留的时间越久，这个地方被模糊的程度就越大。

2）锐化工具

"锐化工具" 的作用与"模糊工具"相反，它将画面中模糊的部分变得清晰，从而强化色彩的边缘。如图 4-34 所示模糊的图片经过锐化处理后的效果如图 4-35 所示。但过度使用"锐化工具"会产生色斑，为此在使用过程中应选择较小的强度并小心使用。

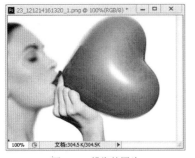

图 4-34　模糊的图片

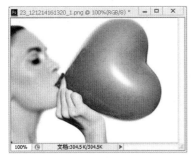

图 4-35　锐化后效果

"锐化工具"和"模糊工具"的不同之处还有：在一个地方停留的时间久并不会加大锐化程度，不过，在一次绘制中反复经过同一区域则会加大锐化效果。

注意："锐化工具"的"将模糊部分变得清晰"，这里的清晰是相对的，它并不能使拍摄模糊的照片变得清晰。

3）涂抹工具

"涂抹工具" 的效果就好像在一幅未干的油画上用手指划拉，如图 4-36 所示的海洋图片经过涂抹处理后的效果如图 4-37 所示。涂抹绘画的颜色是前景色。

图 4-36　原图片

图 4-37　涂抹后效果

4）减淡工具

"减淡工具" 的作用是局部加亮图像。选项有"高光"、"中间调"或"阴影"范围加亮。如图 4-38 所示的海洋图片经过减淡处理后的效果如图 4-39 所示。

图 4-38　原图片

图 4-39　减淡后效果

5）加深工具

"加深工具" 的效果与"减淡工具"相反，是将图像局部变暗，也可选择针对"高光"、"中间调"或"阴影"范围。如图 4-40 所示的海洋图片经过加深处理后的效果如图 4-41 所示。

图 4-40　原图片

图 4-41　加深后效果

6）海绵工具

"海绵工具" 可通过减少饱和度或增加饱和度来改变局部的色彩饱和度。如图 4-42 所示的海洋图片使用"海绵工具"处理后的效果如图 4-43 所示，流量越大效果越明显。开启喷枪方式可在一处持续产生效果。

图 4-42　原图片

图 4-43　使用"海绵工具"后效果

注意：在灰度模式的图像中操作"海绵工具"会产生增加或减少灰度对比度的效果。

7）背景橡皮擦工具

"背景橡皮擦工具" 可以将图层上的像素抹成透明，从而保留对象的边缘。在其选项栏中指定不同的取样和容差选项，可以控制透明度的范围和边界的锐化程度。"背景橡皮擦工具"采集画笔中心的色样，并删除在画笔内的任何位置出现的该颜色。如果将"背景橡皮擦工具"取得的前景对象粘贴到其他图像中，则看不到色晕。

在选项栏中选择"不连续"选项，则抹除出现在画笔下面任何位置的样本颜色；选择"连续"选项，则抹除包含样本颜色的相互连接的区域；选择"查找边缘"选项，则抹除包含样本颜色的连接区域，同时更好地保留形状边缘的锐化程度。

"容差"值的选取决定了抹除的范围，低容差仅限于抹除与样本颜色非常相似的区域，高容差抹除范围更广的颜色。

选择"保护前景色"选项可防止抹除与工具框中的前景色匹配的区域。

"取样"选项："连续" 指随着拖动连续采取色样；"一次" 指只抹除包含第一次单击的颜色的区域；"背景色板" 指只抹除包含当前背景色的区域。

4.2.2　应用模式——时尚杂志扉页设计

● 1. 任务效果图（见图 4-44）

图 4-44　"时尚杂志扉页设计"效果图

● 2. 关键步骤

Step 01 新建"图层 1"，使用"吸管工具"吸取"素材—杂志封面"图片中的红色作为前景色，按【Alt+Delete】组合键填充整个画面。打开"素材—扉页人物 1"，将图片拖至文件中成为"图层 2"。选择工具箱中的"魔棒工具"，设置容差值为"10"，单击"图层 2"的灰色区域，效果如图 4-45 所示，并按【Delete】键删除该区域。

Step 02 选择"编辑"→"自由变换"命令，或按【Ctrl+T】组合键调整该图层的大小，选择"移动工具"将"素材—扉页人物2"图片拖至文件中，调整大小并放置于如图4-46所示的位置。

图4-45　"魔棒工具"选择人物背景

图4-46　添加"素材—扉页人物2"后效果

Step 03　选择"横排文字工具"，分别在画面的中间与底部输入文字："Expensive""Testimonials When played regularly, Numero becomes a strategy for teachers to develop the Number outcomes from the Curriculum Framework. Andrew Newhouse, Mathematical Association of WA Committee, Australia"，效果如图4-47所示。

图4-47　添加文字后效果

4.3　任务3　动漫风格图片制作

4.3.1　引导模式——照片动漫化处理

◎1. 任务描述

利用"图像调整""剪贴蒙版工具""调整图层工具""智能对象工具"等，制作一张用实景照片处理成的漫画。

◎2. 能力目标

① 能使用多种图像调整命令进行色调的调整；

② 能使用组合键【Ctrl+Alt+G】创建剪贴蒙版；

③ 能熟练运用"调整图层工具"进行"色阶""曲线""可选颜色"等图层的创建；

④ 能运用"智能对象工具"进行非破坏性应用滤镜。

◎3. 任务效果图（见图4-48）

图4-48　"实景动漫背景处理"效果图

项目一
项目二
项目三
项目四
项目五
项目六
项目七

➋ 4. 操作步骤

Step 01 选择"编辑"→"首选项"→"性能"命令，打开如图 4-49 所示"首选项"对话框。在对话框中勾选"使用图形处理器"复选框。

图 4-49 "首选项"对话框

Step 02 打开素材库中的"素材—街景"图片，按【Ctrl+J】组合键复制图层。

Step 03 选择"滤镜"→"风格化"→"油画"命令，设置描边样式为"0.1"，描边清洁度为"5"，缩放为"10"，硬毛刷细节为"0.0"，

图 4-51 "魔棒"选项卡参数设置

Step 05 单击图片中的天空部分，多次单击，直至选中所有天空部分。按【Shift+F6】组合键，弹出"羽化选区"对话框，设置羽化半径为"0.5"像素，如图 4-52 所示，这样可以使所选区域的边缘不会太生硬。

图 4-52 "羽化选区"对话框

Step 06 单击图层控制面板下面的"添加图层蒙版"按钮，如图 4-53 所示。

图 4-53 添加图层蒙版

角度为"0"度，闪亮为"0"，如图 4-50 所示。按【Ctrl+F】组合键再次增强油画效果。

图 4-50 "油画"参数设置

Step 04 选择工具箱中的"魔棒工具"，在选项卡中单击"添加到选区"按钮，勾选"消除锯齿"和"连续"复选框，设置容差为"20"，如图 4-51 所示。

Step 07 双击该图层的图层蒙版，选择"窗口"→"属性"命令，出现如图 4-54 所示的对话框，单击"反相"按钮。

图 4-54 "图层蒙版"属性设置

Step 08 打开素材库中的"素材—云"图片，将其拖至文件中成为"图层 2"，其在图层控制面板中的位置位于"图层 1"的下方，如图 4-55 所示。添加云朵后画面效果如图 4-56 所示。

图 4-55　图层 2 的位置

图 4-56　添加云朵后效果

Step 09 选中"图层 1"，选择"图像"→"调整"→"曝光度"命令，设置曝光度为"0.95"，如图 4-57 所示。选择"图像"→"调整"→"阴影 / 高光"命令，设置阴影数量为"40%"，如图 4-58 所示。选择"图像"→"调整"→"亮度 / 对比度"命令，设置对比度为"-10"，如图 4-59 所示。选择"图像"→"调整"→"色相 / 饱和度"命令，设置饱和度为"10"，如图 4-60 所示。选择"图像"→"调整"→"自然饱和度"命令，设置自然饱和度为"40"，如图 4-61 所示。

图 4-57　"曝光度"设置

图 4-58　"阴影 / 高光"设置

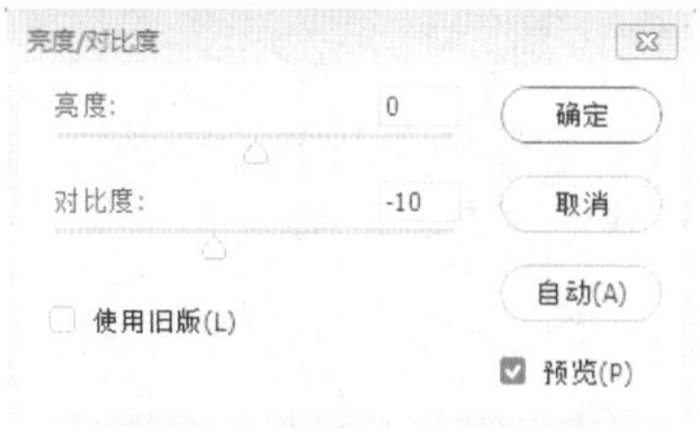

图 4-59　"亮度 / 对比度"设置

图 4-60　"色相 / 饱和度"设置

图 4-61　"自然饱和度"设置

Step 10 单击图层控制面板下方的"创建新的填充或调整图层"按钮 ◑，新建"纯色"图层，设置颜色值为 RGB（102，206，212），将该图层拖至"图层 1"下方，并将图层混合模式设置为"滤色"，填充改为"18%"，此时图层控制面板如图 4-62 所示。

Step 11 选中"图层 1"，单击"可选颜色"调整面板里的 ▣ 按钮，如图 4-63 所示，新建"选取颜色 1"图层，按下组合键【Ctrl+Alt+G】创建剪贴蒙版，使可选颜色仅应用于"图层 1"。此时图层控制面板如图 4-64 所示。

项目一

项目二

项目三

项目四

项目五

项目六

项目七

图 4-62　新建"纯色"图层后的图层控制面板

图 4-63　"可选颜色"调整面板

图 4-64　新建"选取颜色 1"图层后的图层控制面板

图 4-65　可选颜色"红色"

图 4-66　可选颜色"蓝色"

图 4-67　可选颜色"青色"

图 4-68　可选颜色"洋红"

Step 12 在可选颜色设置中选择"红色"，设置青色为"+40%"，黑色为"-20%"，如图 4-65 所示。在可选颜色设置中选择"蓝色"，设置青色为"+70%"，洋红为"-22%"，黑色为"-55%"，如图 4-66 所示。在可选颜色设置中选择"青色"，设置黄色为"-80%"，黑色为"-45%"，如图 4-67 所示。在可选颜色设置中选择"洋红"，设置洋红为"+77%"，如图 4-68 所示。在可选颜色设置中选择"中性色"，设置黄色为"-23%"，如图 4-69 所示。在可选颜色设置中选择"黑色"，设置黑色为"-10%"，如图 4-70 所示。

图 4-69　可选颜色"中性色"

图 4-70　可选颜色"黑色"

Step 13 新建一个图层，填充为黑色，在图层控制面板中右击该图层，选择"转换为智能对象"命令，如图 4-71 所示。

图 4-71　选择"转换为智能对象"命令

Step 14 选择"滤镜"→"渲染"→"镜头光晕"命令，设置亮度为"140%"，位置调整如图 4-72 所示。选择镜头类型为"50-300 毫米变焦"，将光晕调到右上角，最后设置该图层混合模式为"滤色"。

图 4-72　"镜头光晕"设置

➲ 5. 技巧点拨

1）剪贴蒙版

（1）三种建立剪贴蒙版的方式。

方法一：选择"图层"→"创建剪贴蒙版"命令，如图 4-73 所示。

方法二：在图层控制面板中，选择所需图层，右击，在弹出的快捷菜单中选择"创建剪贴蒙版"命令，如图 4-74 所示。

图 4-73　剪贴蒙版创建方式一　图 4-74　剪贴蒙版创建方式二

方法三：按【Alt】键，在图层控制面板中，将光标移至所需要执行命令的两个图层的中缝位置，将会出现带方框的向下箭头，单击即可。

（2）打开素材库中的"素材—鸭子"图片。

（3）复制图层，然后在该图层下方新建

一个图层，用"椭圆工具"绘制一个椭圆形，图层顺序如图 4-75 所示。隐藏"背景"图层和"背景 拷贝"图层，椭圆形大小如图 4-76 所示。

图 4-75　图层顺序

图 4-76　椭圆形大小

（4）打开"背景 拷贝"图层，对其应用"创建剪贴蒙版"命令，完成后效果如图 4-77 所示。此时可以选择"移动工具"移动"背景 拷贝"图层，对鸭子的位置进行调整，操作方便快捷。

图 4-77　创建剪贴蒙版后的效果

2）智能对象

（1）在图层控制面板中右击，在弹出的快捷菜单中选择"转换为智能对象"命令，如图 4-78 所示。转换成智能对象的图片在清晰度上是优于正常图层的，因为将图层转变为智能对象后，无论进行任何变形处理，图像始终和原始效果一样，没有模糊。所有的

像素信息在变形时都会被保护起来。如图 4-79 所示，左图是正常栅格化后的文字，右图是转换成智能对象后的文字，虽然经过多次变形，右图的文字清晰度仍高于左图。

图 4-78　选择"转换为智能对象"命令

图 4-79　正常对象图片与智能对象图片的比较

（2）打开文件夹，将"素材—风景"文件直接拖曳至画布中，然后选择工具箱中的"移动工具"，将会弹出如图 4-80 所示的提示对话框。单击"置入"按钮后，图像即会转变为智能对象，图层控制面板如图 4-81 所示。智能对象的作用是保留图像的源内容及其所有原始特性，从而能够对图层执行非破坏性编辑。

图 4-80　置入文件提示对话框

图 4-81　智能对象图层控制面板

（3）我们可以把一个或者一组图层转换为智能对象，将其复制多份，然后对其中任意一份进行修改，这时其他几份都会发生相同变化，此功能非常便于我们在设计一些复制界面时使用。比如绘制一个圆角矩形，将其转换为智能对象，复制两遍并进行移动，效果如图 4-82 所示，图层控制面板如图 4-83 所示。

图 4-82　3 个圆角矩形智能对象

图 4-83　一组智能对象的图层控制面板

（4）双击智能对象图标，出现如图 4-84 所示提示对话框，单击"确定"按钮。此时，会打开一个后缀为 .psb 的新文档窗口，智能对象图层的内容都包含在内。

图 4-84　提示对话框

（5）如图 4-85 所示为 psb 新文档，在图层控制面板中，可以看到圆角矩形使用的一些图层样式，如图 4-86 所示。

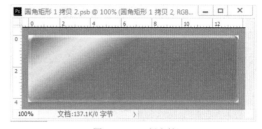

图 4-85　psb 新文档

图 4-86　psb 新文档的图层控制面板

现在可以对图层样式进行修改，完成后按【Ctrl+S】组合键，对 psb 文件进行保存，可看到 psd 文档中的相应对象发生了改变，如图 4-87 所示。

图 4-87　psb 文档改变后效果

3）镜头光晕

（1）打开素材库中的"素材—风车"图片。

（2）选择"滤镜"→"渲染"→"镜头光晕"命令。

（3）在如图 4-88 所示对话框中可以对亮度、镜头类型进行设置。用鼠标在缩略图上拖动光晕的位置，置于自己想要的部位。

图 4-88 "镜头光晕"对话框

（4）如图 4-89 所示为镜头类型"50—300 毫米变焦"，亮度为"100%"的效果。

图 4-89 应用镜头光晕的设置效果

4.3.2 应用模式——背景动漫化处理

◎ 1. 任务效果图（见图 4-90）

图 4-90 "背景动漫化处理"效果图

◎ 2. 关键步骤

Step 01 打开素材库中的"素材—城市"图片，按【Ctrl+J】组合键复制图层，选择"图像"→"调整"→"亮度 / 对比度"命令，设置亮度为"12"，对比度为"-8"，使图片的层次效果更为丰富。选择"滤镜"→"滤镜库"→"艺术效果"→"木刻"命令，设置色阶数为"5"，边缘简化度为"2"，边缘逼真度为"2"，使图片呈现出动漫背景效果。

注意：色阶数越大，图片的色彩越丰富；边缘简化度数值越大，图片的细节越简化；边缘逼真度数值越大，图片的逼真效果越强。

Step 02 将素材库中的"素材—动漫人物"图片拖至文件中，置于画面中心位置，如图 4-91 所示。如果图像是索引模式，不能拖动，可以选择"图像"→"模式"→"RGB 颜色"命令，转换后再拖动。选择"图像"→"调整"→"亮度 / 对比度"命令，设置亮度为"-20"，对比度为"-12"。选择"图像"→"调整"→"色相 / 饱和度"命令，设置饱和度为"-20"，明度为"-14"。

Step 03 为配合人物的动漫效果，需要对背景进行再次修改。复制背景图层为"图层 1 拷贝"，图层位置如图 4-92 所示。选择"滤镜"→"滤镜库"→"艺术效果"→"海报边缘"命令，设置边缘厚度为"2"，边缘强度为"0"，海报化为"5"，如图 4-93 所示，增强背景的细节效果。

图 4-91 拖入"素材—动漫人物"图片

图 4-92　图层位置

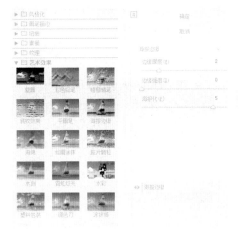

图 4-93　"海报边缘"滤镜设置

项目一

项目二

项目三

项目四

项目五

项目六

项目七

4.4　任务 4　书籍杂志设计之流行元素

4.4.1　引导模式——剪纸风格封面设计

➡ 1. 任务描述

利用"角度渐变"按钮、"图层样式"等命令，制作一张具有剪纸风格的书籍封面。

➡ 2. 能力目标

① 能熟练运用"角度渐变"按钮调整文字的裁剪效果；

② 能熟练运用"图层样式"命令新建自定义样式并应用于其他字母；

③ 能熟练运用"投影""渐变叠加"命令调整字母的切线效果。

➡ 3. 任务效果图（见图 4-94）

图 4-94　"剪纸风格封面设计"效果图

➡ 4. 操作步骤

Step 01　新建文件，设置名称为"剪纸风格封面"，在"打印"中选择"A4"，参数设置如图 4-95 所示。

图 4-95　"新建文档"对话框

Step 02　选择工具箱中的"渐变工具"，单击选项栏中的"点按可编辑渐变"按钮，在"渐变编辑器"对话框中单击左下角的色标符号，单击"颜色"按钮，设置颜色值为 RGB（25，60，84），此时拖动颜色中点至位置"22%"，如图 4-96 所示。在颜色条下方靠右位置单击，添加色标，设置颜色值为 RGB（81，202，252），位置为"70%"，如图 4-97 所示。此时单击"新建"按钮即可将该渐变效果保存在渐变预设中，以便后续使用，如图 4-98 所示。

图 4-96　移动颜色中点

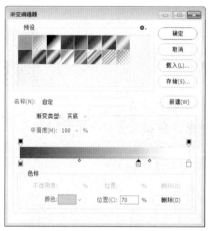

图 4-97　添加色标

图 4-98　保存渐变效果

Step 03 单击选项栏中的"角度渐变"按钮，此时新建一个图层为"图层 1"。按住

【Shift】键的同时，用鼠标在画布边缘（外面）上方从左至右拉一条直线，如图 4-99 所示。画布添加渐变后效果如图 4-100 所示。

图 4-99　在画布边缘上方从左至右拉一条直线

图 4-100　画布添加渐变后效果

Step 04 选择工具箱中的"横排文字工具" T，设置字体为"Impact"，大小为"150 点"，"仿粗体"，颜色为白色。分别在画面中输入第一行字母"P""A""P""E""R"，字母紧密排列且每个字母单独一个图层，如图 4-101 所示。然后输入第二行字母"C""U""T"，位置如图 4-102 所示。

图 4-101　输入第一行字母后效果

图 4-102 输入第二行字母后效果

Step 05 选中第一行第一个字母"P"图层，双击后弹出"图层样式"对话框，勾选"渐变叠加"复选框，设置混合模式为"正常"，不透明度为"100%"，渐变选择刚才自定义的，在"样式"下拉菜单中选择"角度"选项，如图 4-103 所示，设置角度为"0"度，缩放为"100%"，如图 4-104 所示。

图 4-103 "样式"下拉菜单

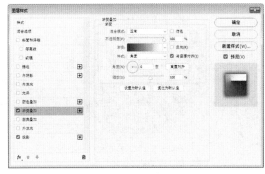

图 4-104 "渐变叠加"设置

Step 06 勾选"投影"复选框，设置混合模式为"正片叠底"，不透明度为"75%"，角度为"120"度；勾选"使用全局光"复选框，设置距离为"0 像素"，扩展为"18%"，大小为"70 像素"，如图 4-105 所示。重新在"图层样式"对话框中勾选"渐变叠加"复选框，此时可用鼠标对渐变产生的切线进行移动，在画布上将切线移至字母"P"，如图 4-106 所示的位置，从而打造出字体被裁剪的效果。注意：要调整切线的位置，只可在"渐变叠加"复选框被选中的情况下进行调整。

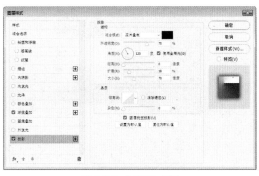

图 4-105 "投影"设置

图 4-106 字母"P"添加渐变与投影后效果

Step 07 为了便于剩余字母的样式设置，在"P"字母的"图层样式"对话框中单击"新建样式"按钮 新建样式(W)...，弹出如图 4-107 所示对话框，单击"确定"按钮，在右侧的样式面板中便会出现保存好的新样式，如图 4-108 所示。

图 4-107 "新建样式"对话框

图 4-108 样式面板中出现新样式

Step 08 选中字母"A"图层，单击样式面板中已保存的"样式 1"，即可将字母 A 变成同样的效果，如图 4-109 所示。为了使字母剪切的效果较为自然，在图层样式的"渐变叠加"中勾选"反向"复选框，设置角度为"90 度"，如图 4-110 所示，然后将切线拖至如图 4-111 所示位置。

项目
一

项目
二

项目
三

项目
四

项目
五

项目
六

项目
七

图 4-109　字母"A"添加样式后效果

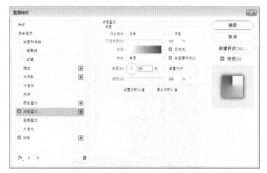

图 4-110　修改字母"A"的渐变叠加设置

图 4-111　字母"A"效果

Step 09 剩余字母参考上述方法进行制作，完成后效果如图 4-112 所示。

图 4-112　字母形成裁剪效果

Step 10 选择工具箱中的"横排文字工具" T.，输入作者姓名"David Caring"，设置字体为"Arial"，大小为"18 点"。输入出版社名称"Beijing Publishing House Group"，设置字体为"Arial"，大小为"11 点"，效果如图 4-113 所示。

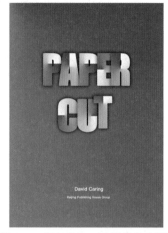

图 4-113　添加作者、出版社信息后效果

● 5. 剪纸艺术风格介绍

剪纸艺术是中国最古老的民间艺术之一，其镂空的特点能给人视觉上的透空感和艺术享受。传统的剪纸有单色剪纸、彩色剪纸、立体剪纸等，如图 4-114 和图 4-115 所示，通常用于门窗、墙壁等装饰，或是作为礼物的装饰，具有浓厚的文化气息及独特的内涵魅力。

图 4-114　单色剪纸

图 4-115　立体剪纸

随着时代的发展，剪纸艺术逐渐走入了现代艺术设计，在标志设计、广告设计、书

籍装帧、影视动画等领域均有广泛应用，如图 4-116～图 4-118 所示。

图 4-116　剪纸在广告中的应用

图 4-117　剪纸动画艺术家帕思·科特卡尔的作品

图 4-118　剪纸风格海报

如今的艺术设计正向着追求本原化的方向发展，这使得古老的剪纸艺术风格成为人们不断追求和探索的艺术来源之一。设计师在利用剪纸艺术风格时，不仅要继承和保留剪纸艺术的文化内涵和手工特征，更要巧妙地与各种商业主题相结合，充分做到设计的形神兼备。

4.4.2　应用模式——剪纸风格扉页设计

1. 任务效果图（见图 4-119）

图 4-119　"剪纸风格扉页设计"效果图

2. 关键步骤

Step 01 新建一个图层为"图层 1"，选择工具箱中的"钢笔工具" ，在选项栏中设置为"路径"，在画布上绘制如图 4-120 所示的边框形状。

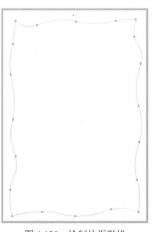

图 4-120　绘制边框形状

Step 02 按【Ctrl+Enter】组合键将路径变为选区，然后选择工具箱中的"矩形选框工具" ，在画布上右击，在弹出的快捷菜单中选中"选择反向"命令，如图 4-121 所示。画面效果如图 4-122 所示。在选区中填充任意颜色，效果如图 4-123 所示。

Step 03 双击"图层 1"，弹出"图层样式"对话框，勾选"斜面和浮雕"复选框，设置深度为"170%"，大小为"10 像素"，软化为"0 像素"，如图 4-124 所示。勾选"纹理"复选框，如图 4-125 所示。勾选"投影"复选框，设置混合模式的颜色值为 RGB（43，63，123），如图 4-126 所示。设置不透明度为"69%"，角度为"90 度"，取消勾选"使用全局光"复选框，设置距离为"17 像素"，扩展为"0%"，大小为"57 像素"，如图 4-127 所示。此时画面效果如图 4-128 所示。

图 4-121　选中"选择反向"命令

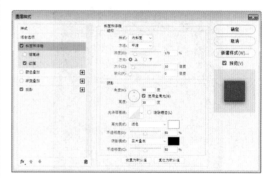

图 4-124　"斜面和浮雕"设置

图 4-122　选择反向后效果

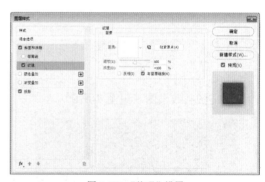

图 4-125　"纹理"设置

图 4-123　填充颜色后效果

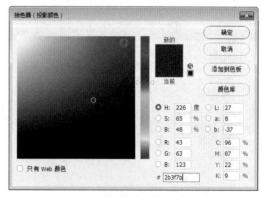

图 4-126　"投影"混合模式颜色设置

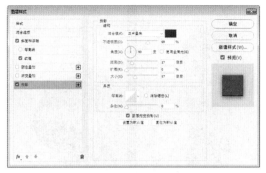

图4-127 "投影"设置

图4-128 边框添加样式后效果

Step 04 复制一个图层为"图层1 拷贝"，将该图层拖至"图层1"的下方，按【Ctrl+T】组合键进行自由变换，然后按【Shift+Alt】组合键将"图层1 拷贝"缩小至如图4-129所示效果。

Step 05 对"图层1 拷贝"进行颜色叠加，使其与第一个边框的颜色有所区别，然后复制多个图层，使每个边框比前一个略小一些，并修改颜色，参考如图4-130所示效果。

图4-129 "图层1 拷贝"缩小后效果

图4-130 复制多个图层修改颜色后效果

Step 06 在画面中添加一些图形及诗句，增加扉页的意境与效果，添加的图形可与绘制好的多个边框进行穿插，以增强画面的空间感。

4.5 实践模式——动漫书籍封面设计

相关素材

制作要求：根据素材（素材4-1～素材4-3）制作动漫书籍的封面。添加书脊部分，选择素材"标志"中已有的文字进行排版与颜色设置，使整个封面效果更为和谐统一。加入作者姓名"岸本齐史"、出版社名称"少年漫画出版社"。注意：右边为封面，添加素材"标志"；左边为封底，添加条形码、价格等内容。可参考如图4-131所示效果图进行制作。

素材4-1 标志

项目一
项目二
项目三
项目四
项目五
项目六
项目七

素材 4-2　动漫人物 1　　　素材 4-3　动漫人物 2

图 4-131　动漫书籍封面设计参考效果图

知识扩展

1. 书籍装帧设计的定义

　　书籍装帧设计是对整本书籍的开本、装帧形式、封面、腰封进行系统化的创意构思的过程，如图 4-132 和图 4-133 所示。在书籍装帧设计过程中通常采用多种艺术表现手法，不仅包含字体、版面、色彩、插图等平面化的设计内容，还包括纸张材料、印刷、装订及工艺等立体化的设计内容。书籍从文稿到成书出版，经历了多个设计环节，蕴涵了丰富的艺术思维与创作意图，令读者在阅读的过程中获得恰到好处的阅读体验。

2. 书籍装帧设计元素

　　（1）文字。主要包括书名（含丛书名、副书名）、作者名和出版社名。这些文字在整本书籍的装帧设计中有着极为重要的作用。

　　（2）图形。主要包括摄影、手绘作品、计算机绘图等。风格包括写实、抽象、写意等。

　　（3）色彩。色彩是整本书籍的视觉重心，良好的色彩设计语言能够有效地表达书籍的内容与风格特色，帮助读者快速而准确地感受到书籍内容的定位。

　　（4）构图。书籍版面的构图形式非常多样化，有垂直、水平、倾斜、曲线、交叉、向心、放射、三角、叠合、边线、散点、底纹等。

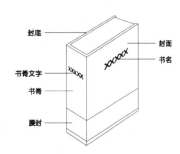

图 4-132　书籍装帧部分名称 1

3. 书籍装帧组成部分

　　（1）封套：书籍的外包装，起保护作用，大多采用透明塑料薄膜形式。

　　（2）护封：具有一定的装饰效果，并且能够保护封面，但不是所有书都有。

　　（3）封皮：包括封面和封底，是书籍的表皮部分。

　　（4）书脊：封面和封底中间连接的部分。

　　（5）环衬：封面与书心相接部分的衬页。

　　（6）空白页：可用于签名，也具有一定的装饰作用。

　　（7）资料页：内容为与书籍相关的图片或文字资料。

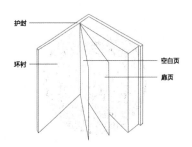

图 4-133　书籍装帧部分名称 2

（8）扉页：书名所在页面，正文开始的地方。

（9）版权页：包含书名、出版单位、编著者、开本、印刷数量、价格等信息。

（10）前言：包含序、编者的话、出版说明等。

（11）目录页：大部分时候安排在前言之后、正文之前，具备索引功能。

（12）后语：指跋、编后记。

❹ 4. 特殊书籍装帧形式

（1）卷轴装：是指将印页按规格裱接后，使两端粘接于圆木或其他棒材轴上，卷成束的装帧方式，如图4-134所示。这是古代常用的一种装帧方式，便于长卷的保存，现在常用于书法、古字画等作品的装帧设计。

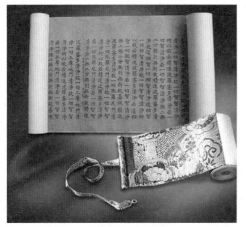

图4-134　卷轴装

（2）经折装：是在卷轴装的基础上发展而来的，将卷子长幅改作折叠，成为书本形式，前后粘以书面，如图4-135所示。古代多数佛教经典采用此种装帧方式，非常便于翻阅。

图4-135　经折装

（3）旋风装：是把长卷折叠成册，加上封面后首尾相连的装帧方法，如图4-136所示。此装帧方式看上去类似瓦片叠加的感觉，需要卷起来保存。

图4-136　旋风装

（4）蝴蝶装：将印有文字的纸面朝里对折，再以中缝为准，把所有页码对齐，用糨糊粘贴在另一包背纸上，然后裁齐成书，如图4-137所示。此类书籍装帧形式宛若蝴蝶的翅膀，不用线却很牢固。

图4-137　蝴蝶装

4.6　知识点练习

一、填空题

1. "锐化工具"的作用是将画面中模糊的部分变得_____。

2. "海绵工具"不会造成像素的重新分布，因此其去色和加色方式可以作为互补来使用，过度去除色彩饱和度后，可以切换到加色方式增加色彩饱和度。但无法为已经完全为_____的像素增加色彩。

3. "模糊工具"的操作类似于喷枪的可持续作用，也就是说鼠标在一个地方停

项目一　项目二　项目三　项目四　项目五　项目六　项目七

项目一

项目二

项目三

项目四

项目五

项目六

项目七

留的时间越久，这个地方被模糊的程度就_____。

4. "锐化工具"在使用中不带有类似喷枪的_____作用，在一个地方停留并不会加大锐化程度。不过在一次绘制中反复经过同一区域会加大锐化效果。

5. "减淡工具"早期也被称为"遮挡工具"，其作用是局部_____图像，可选择为"高光"、"中间调"或"阴影"区域加亮。

6. "加深工具"的效果与"减淡工具"相反，是将图像局部变暗，也可以选择针对_____、_____或"阴影"区域。

二、选择题

1. 下列关于背景图层的描述中正确的是（　　）。

A. 在图层调板上背景图层是不能上下移动的，只能是最下面一层

B. 背景图层可以设置图层蒙版

C. 背景图层不能转换为其他类型的图层

D. 背景图层不可以执行滤镜效果

2. 为一个名称为"图层 2"的图层增加一个图层蒙版，通道调板中会增加一个临时的蒙版通道，名称会是（　　）。

A. 图层 2 蒙版　　　B. 通道蒙版

C. 图层蒙版　　　　D. Alpha 通道

3. 如果在图层上增加一个蒙版，当要单独移动蒙版时，下面操作中正确的是（　　）。

A. 首先单击图层上面的蒙版，然后选择"移动工具"就可以移动了

B. 首先单击图层上面的蒙版，然后选择"选择"→"全选"命令，用"选择工具"拖曳

C. 首先要解掉图层与蒙版之间的锁，然后选择"移动工具"就可以移动了

D. 首先要解掉图层与蒙版之间的锁，再选择蒙版，然后选择"移动工具"就可以移动了

三、判断题

1. "背景橡皮擦工具"与"橡皮擦工具"的使用方法基本相似，"背景橡皮擦工具"可将颜色擦掉变成没有颜色的透明部分。
（　　）

2. "模糊工具"只能使图像的一部分边缘模糊。（　　）

3. "魔术橡皮擦工具"可根据颜色近似程度来确定将图像擦成透明的程度。
（　　）

4. "背景橡皮擦工具"选项栏中的"容差"选项是用来控制擦除颜色的范围的。（　　）

5. "加深工具"可以降低图像的饱和度。（　　）

项目五 产品包装设计

产品包装设计是指选用合适的包装材料，针对产品本身的特性及使用者的喜好等相关因素，运用巧妙的工艺手段为产品进行包装的美化装饰设计。

一个产品的包装直接影响着顾客的购买心理，优秀的包装设计是企业创造利润的重要手段之一。策略定位准确、符合消费者心理的产品包装设计，能帮助企业在众多竞争品牌中脱颖而出，能够进一步提升产品的价值。包装设计包括产品内外包装设计、标签设计、运输包装设计，以及礼品包装设计、拎袋设计等。

5.1 任务 1　包装纸袋设计

5.1.1　引导模式——手提袋设计

➜ 1. 任务描述

利用"多边形套索工具""自由变换工具""渐变工具"等，制作一张有米奇图案的手提袋立体效果图。

➜ 2. 能力目标

① 能熟练运用"多边形套索工具"进行形状的绘制；

② 能熟练运用"自由变换工具"进行纸袋各部分形状的调整；

③ 能熟练运用"渐变工具"进行纸袋明暗的绘制；

④ 能运用图层混合模式对上、下图层的效果进行叠加、混合。

➜ 3. 任务效果图（见图 5-1）

图 5-1　"米奇"手提袋设计效果图

➜ 4. 操作步骤

Step 01 打开"新建文档"对话框，设置宽度为"600 像素"，高度为"600 像素"，分辨率为"72 像素 / 英寸"，颜色模式为"RGB 颜色"，名称为"米奇手提袋"。

Step 02 新建图层，选择工具箱中的"多边形套索工具"，绘制如图 5-2 所示的形状选区。选择"渐变工具"，设置两个色标值分别为 RGB（218，222，225）和 RGB（246，247，249），在路径中填充该渐变色，效果如图 5-3 所示。

图 5-2　绘制形状

Step 03 新建图层，选择工具箱中的"多边形套索工具"，绘制如图 5-4 所示的纸袋左内侧形状选区，选择工具箱中的"油漆桶工具"，设置填充颜色值为 RGB（148，156，158），填充效果如图 5-4 所示。

项目一
项目二
项目三
项目四
项目五
项目六
项目七

图 5-3　填充渐变色后效果

图 5-4　左内侧形状绘制后效果

Step 04 新建图层，选择工具箱中的"多边形套索工具" ，绘制如图 5-5 所示的纸袋左外侧形状选区，选择工具箱中的"渐变工具" ，设置两个色标值分别为 RGB（162，167，170）和 RGB（198，201，203），在选区中填充该渐变色，效果如图 5-5 所示。

图 5-5　左外侧形状绘制后效果

Step 05 新建图层，选择工具箱中的"多边形套索工具" ，绘制如图 5-6 所示的纸袋底部形状选区，选择工具箱中的"渐变工具" ，设置两个色标值分别为 RGB（214，217，220）和 RGB（188，189，192），在选区中填充该渐变色，效果如图 5-6 所示。

Step 06 新建图层，选择工具箱中的"钢笔工具" ，绘制如图 5-7 所示绳子的轮廓，在其选项栏中单击"选区"按钮 ，将其转换成选区，选择工具箱中的"渐变工具"，设置两个色标值分别为 RGB（63，62，64）和 RGB（146，146，146），在选区中填充该渐变色，效果如图 5-7 所示。

图 5-6　底部形状绘制后效果

图 5-7　绘制绳子后效果

Step 07 新建图层，选择工具箱中的"椭圆选框工具" ，绘制一个椭圆形，选择工具箱中的"渐变工具"，设置两个色标值分别为 RGB（176，177，176）和 RGB（255，255，255）。在选项栏中单击"径向渐变"按钮 ，在椭圆形路径中由中心向外拉一直线，直线长度应尽量小一些，以使椭圆形边缘可渐变为白色。将该图层置于所有图层最下方，效果如图 5-8 所示，得到纸袋的投影。

图 5-8　添加投影后效果

Step 08 打开素材库中的"素材—米奇"图片，选择"移动工具"，将图片拖至刚建好的文件中，在图层混合模式中选择"正片叠底"命令。选择"编辑"→"自由变换"命令，或按【Ctrl+T】组合键开启自由变换模式，对该图层进行大小的调整。按住【Ctrl】键的同时，用鼠标拖动角上的小方块可进行斜切，如图 5-9 所示，图片调整完毕后按【Enter】键确认。

图 5-9　自由变换调整

Step 09 打开素材库中的"素材—迪士尼"图片，选择"移动工具"，将图片拖至刚建好的文件中，在图层混合模式中勾选"正片叠底"复选框。选择"编辑"→"自由变换"命令，或按【Ctrl+T】组合键开启自由变换模式，对该图层进行大小的调整。按住【Ctrl】键，同时用鼠标拖动角上的小方块可进行斜切，如图 5-10 所示，图片调整完毕后按【Enter】键确认。

图 5-10　添加文字图片后效果

5. 技巧点拨

Photoshop 提供了多种"钢笔工具"。"钢笔工具"可用于绘制具有高精度的图像，"自由钢笔工具"可像在纸上使用铅笔绘图一样来绘制路径。可将"钢笔工具"和"形状工具"组合起来创建复杂的形状。

1）用"钢笔工具"绘制线段

使用"钢笔工具"可以绘制的最简单路径是直线。选择工具箱中的"钢笔工具"，在画布上单击，创建起始锚点，在画布其他位置继续单击可创建其他锚点，如图 5-11 所示，最后添加的锚点总是显示为实心方形，表示已选中状态。当添加更多的锚点时，以前定义的锚点会变成空心并被取消选择。

当要闭合路径时，将"钢笔工具"定位在第一个锚点上，"钢笔工具"指针旁将出现一个小圆圈，单击即可闭合路径，如图 5-12 所示。

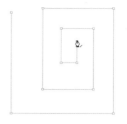

图 5-11　绘制直线

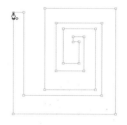

图 5-12　闭合路径

2）用"自由钢笔工具"绘图

"自由钢笔工具"可像在纸上用铅笔绘图一样随意绘图，在绘图过程中，将自动添加锚点。若要更改锚点的位置，完成路径后可进一步对其进行调整。

"自由钢笔工具"在使用时，会有一条路径尾随指针，释放鼠标，工作路径即创建完毕。如要继续创建现有手绘路径，可将钢笔指针定位在路径的一个端点，然后拖动，当完成路径时，将直线拖到路径的初始点，当指针旁出现一个圆圈时单击即可，如图 5-13 所示。

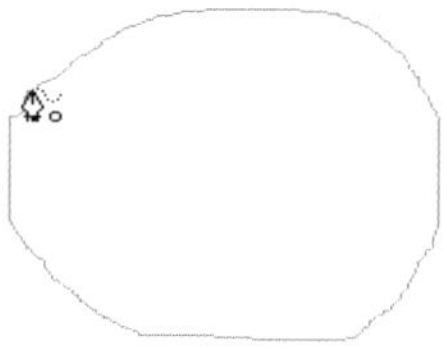

图 5-13　"自由钢笔工具"的使用

"磁性钢笔工具"可以绘制与图像中定义区域的边缘对齐的路径。在选项栏中勾选"磁性的"复选框，即将"自由钢笔工具"转换成"磁性钢笔工具"，如图 5-14 所示。

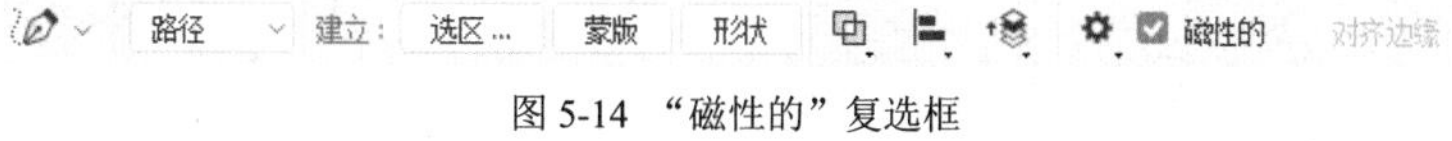

路径　　建立：选区… 蒙版 形状 　　　　　磁性的　对齐边缘

图 5-14　"磁性的"复选框

项目一
项目二
项目三
项目四
项目五
项目六
项目七

3）"添加锚点工具"、"删除锚点工具"和"转换点工具"

使用"钢笔工具"绘制出的路径，并不一定可以达到设计上的要求。可以选择工具箱中"添加锚点工具"⊘、"删除锚点工具"⊘.或"转换点工具"⋀,对路径进行编辑，以达到需要的效果。

5.1.2 应用模式——服装购物袋设计

● 1. 任务效果图（见图5-15）

图 5-15 "服装购物袋设计"效果图

● 2. 关键步骤

Step 01 将素材库中的"素材—纸袋"与"素材—心"图片拖至文件中，将"素材—心"图层的混合模式设置为"深色"，调整其大小，效果如图5-16所示。

图 5-16 调整"素材—心"图层大小后效果

Step 02 复制"素材—心"图层3次，选择"编辑"→"变换"→"垂直翻转"命令，并使用"移动工具"将每个复制的图层拖至如图5-17所示位置。

图 5-17 复制"素材—心"图层后效果

Step 03 将"素材—标志"图层的混合模式设置为"深色"，画面效果如图5-18所示。

图 5-18 添加"素材—标志"后效果

5.2 任务2 CD 封套设计

5.2.1 引导模式——音乐光盘设计

● 1. 任务描述

利用"渐变工具""魔棒工具""收缩工具"等，制作一张内容为流行音乐光盘的平面效果图。

● 2. 能力目标

① 能熟练运用"渐变工具"制作光盘质感效果；

② 能熟练运用"魔棒工具"进行抠图除去人物背景；

③ 能熟练运用"收缩工具"制作同心圆；

④ 能运用"圆角矩形工具"制作背景效果。

● 3. 任务效果图（见图 5-19）

图 5-19 "音乐光盘设计"效果图

● 4. 操作步骤

Step 01 打开"新建文档"对话框，设置宽度为"800 像素"，高度为"800 像素"，分辨率为"72 像素 / 英寸"的图像文件。

Step 02 按【Ctrl+R】组合键，打开标尺。选择"视图"→"新建参考线"命令，选择"垂直"选项，在位置处选择"14"厘米。再用同样的方法在 14 厘米处添加水平参考线。

Step 03 新建图层为"图层 1"，选择工具箱中的"椭圆选框工具" ○.，按住【Shift+Alt】组合键，同时以参考线交叉点为中心向外绘制一个正圆形选区。

Step 04 选择"渐变工具" ■.，设置如图 5-20 所示的渐变颜色，设置 4 个色标值从左至右分别为 RGB（252，250，209）、RGB（254，226，204）、RGB（207，185，247）和 RGB（217，250，255）。在选项栏中选择"线性渐变"选项，从左上至右下拉一条倾斜的线，进行渐变填充，效果如图 5-21 所示。

Step 05 在图层控制面板中，双击"图层 1"，在"图层样式"对话框中勾选"投影"复选框，

设置距离为"5 像素"，大小为"20 像素"，为光盘添加投影效果。

图 5-20 "渐变编辑器"设置

图 5-21 渐变填充效果

Step 06 新建图层为"图层 2"，按住【Ctrl】键，单击"图层 1"，载入"图层 1"的选区后，选择"选择"→"修改"→"收缩"命令，设置收缩量为"6 像素"。

Step 07 选择"油漆桶工具" ♢.对选区进行填充，设置颜色值为 RGB（185，212，205），按【Ctrl+D】组合键取消选择。

Step 08 选择"椭圆选框工具" ○.，在圆形中间绘制一个较小的正圆形，选择"选择"→"修改"→"边界"命令，设置宽度为"6 像素"，得到圆形的边界。按【Delete】键清除边界，露出底下填充的渐变色，如图 5-22 所示，按【Ctrl+D】组合键取消选择。

Step 09 选择"椭圆选框工具"，在圆形中间绘制一个更小的正圆，分别选择"图层 1""图层 2"，按【Delete】键，露出底部的白色底面，如图 5-23 所示，按【Ctrl+D】组合键取消选择。

Step 10 选择"椭圆选框工具"，在圆形中间绘制正圆形，与前面的圆形保持同心。选择"图层 2"，按【Delete】键清除，按【Ctrl+D】组合键取消选择，如图 5-24 所示制作好光盘的内圆。选择"视图"→"清除参考线"命令。

图 5-22　删除边界后效果

图 5-23　获得选区后效果

图 5-24　制作同心圆选区

Step 11 打开素材库中的"素材—动物"图片，选择工具箱中的"魔棒工具" ，将整个动物的绿色背景选中，然后用鼠标右键单击选择"选择反向"即可选择动物，将动物图像拖至文件中。使用"自由变换工具"调整该图层的大小。

Step 12 按住【Ctrl】键的同时选择"图层 2"，将图层 2 的选区选中，得到如图 5-25 所示的选区。按【Ctrl+Shift+I】组合键反选，按【Delete】键清除人物光盘外的多余部分，按【Ctrl+D】组合键取消选择，如图 5-26 所示。

图 5-25　获得光碟选区

图 5-26　人物图片与光盘结合后效果

Step 13 为光盘添加装饰效果。选择"圆角矩形工具" .建立一些矩形，并为一部分矩形填充不同的颜色，对另一部分矩形进行描边。新建"图层 4"，选择"铅笔工具" .，设置主直径为"9 像素"，绘制一些白色线条。调整图层顺序，将"图层 4"拖至"图层 3"下方。

Step 14 添加歌曲目录。选择工具箱中的"横排文字工具" T，输入文字"01""02""03""04""05""06""07""再相见""美好时光""雨天的记忆""散步""忘记""昨日""期待"，并适当调整文字的位置和字体大小，让各部分元素之间达到视觉效果均衡。选择"图层 4"，选择工具箱中的"橡皮擦工具" .，将光盘边缘多余的白线擦除，效果如图 5-27 所示。

图 5-27　添加文字后效果

◎ 5. 技巧点拨

1）"魔棒工具"

"魔棒工具"可以选择颜色一致的区域。如图 5-28 所示，选择工具箱中的"魔棒工具"，在蓝色背景上单击，可以选择基于与单击像素相似的，指定色彩范围或容差值的色彩范围。

> 注意：不能在位图模式的图像或 32 位 / 通道的图像上使用"魔棒工具"。

图 5-28　"魔棒工具"选区

（1）选区选项。在选项栏中，包括"新选区"、"添加到选区"、"从选区减去"与"选区交叉" 4 个选项。

（2）容差。以像素为单位输入一个 0 ～ 255 的值，如果该值较低，则会选择与所单击像素非常相似的少数几种颜色；如果该值较高，则会选择范围更广的颜色。

（3）"消除锯齿"、"创建较平滑边缘选区"与"连续"选项。在图像中，单击要选择的颜色，如果"连续"选项已被选中，则会选中容差范围内的所有相邻像素。否则，将选中容差范围内的所有像素。

（4）"对所有图层取样"选项。若选中"对所有图层取样"选项，那么"魔棒工具"将在所有可见图层中选择颜色，否则只在当前图层中选择颜色。

（5）取样大小。取样大小代表的是工具取样的最大像素数目，默认为取样点，还可以选择 3×3 平均、5×5 平均、11×11 平均、31×31 平均、51×51 平均、101×101 平均等。

（6）"选择并遮住"选项。可以对选区

的半径、平滑度、羽化、对比度边缘位置等属性进行调整，从而提高选区边缘的质量。打开"属性"对话框，如图 5-29 所示，可进行视图模式、边缘检测、全局调整的设置。

在"视图"选项中选择一个合适的视图模式，可以更加方便地查看选区的调整结果。

利用"边缘检测"选项可以轻松抠出细密的毛发，但和通道等精细创建选区的方法不同，该方法不可能抠出高品质的图像。

2）羽化

"羽化"是通过建立选区和选区周围像素之间的转换边界来模糊边缘的。该模糊边缘将丢失选区边缘的一些细节。可以为"选框工具"、"套索工具"、"多边形套索工具"或"磁性套索工具"定义羽化，也可向已有的选区中添加羽化。

选择"选择"→"选择并遮住"命令，打开"属性"对话框，如图 5-29 所示，输入"羽化"数值，如图 5-30 所示为直接剪切选区后的效果，如图 5-31 所示为执行羽化命令后的效果。

图 5-29　"属性"对话框

图 5-30　直接剪切选区后效果

图 5-31　羽化选区后效果

注意：如看到弹出"选中的像素不超过 50%"的信息，就要减少羽化半径或增大选区的范围。因为如果选区小而羽化半径大，则小选区可能变得非常模糊，以至于看不到并因此不可选。

5.2.2　应用模式——电脑游戏光盘设计

◆ 1. 任务效果图（见图 5-32）

图 5-32　"电脑游戏光盘"效果图

◆ 2. 关键步骤

Step 01 制作光盘的底图。选择"移动工具"将"素材—黑暗神殿"图片拖进文件中，通过裁剪成为适合光盘大小的图片，在"图层样式"对话框中勾选"斜面和浮雕"复选框，设置样式为"内斜面"，方法为"平滑"，深度为"100%"，方向为"上"，大小为"5"像素，软化为"0"像素，设置阴影角度为"90"度，勾选"使用全局光"复选框，高度为"30"度，其余保持不变，如图 5-33 所示。

Step 02 新建图层，选择"横排文字工具"T.，设置字体为"Arial"，消除锯齿的方式为"犀利"，输入文字"Blizzard Entertainment"。需要将文字沿扇形排列，单击"创建文字变形"按钮，打开"变形文字"对话框，设置样式为"扇形"，"水平"，弯曲为"+50%"，如图 5-34 所示。选择"移

动工具"将文字移至相应位置，设置图层不透明度为"20%"。

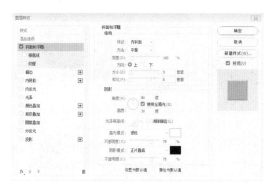

图 5-33　"斜面和浮雕"设置

图 5-34　"变形文字"设置

Step 03 为光盘添加高反光。新建一个图层，选择"多边形套索工具"绘制一个倾斜的长方形选区，如图 5-35 所示。在该选区内右击，在弹出的快捷菜单中选择"羽化"命令，打开"羽化选区"对话框，把羽化半径设置为"20"像素，如图 5-36 所示。选择"渐变工具"，在选项栏中选择"线性渐变"复选框，制作如图 5-37 所示的渐变效果。设置图层不透明度为"75%"，图层混合模式为"滤色"。

图 5-35 绘制长方形选区 　　　图 5-36 "羽化选区"设置 　　　图 5-37 制作高反光后效果

5.3 任务3 瓶子包装设计

5.3.1 引导模式——不锈钢水杯设计

1. 任务描述

利用"图层样式""钢笔工具""渐变叠加"等，制作一张素雅风格的不锈钢水杯外观设计图。

2. 能力目标

① 能熟练运用"形状工具"的图层样式进行瓶子立体感的制作；

② 能熟练运用"转换点工具"对形状进行编辑；

③ 能熟练运用"渐变工具"进行投影的绘制。

3. 任务效果图（见图 5-38）

图 5-38 "不锈钢水杯"效果图

4. 操作步骤

Step 01 新建文件，设置宽度为"600 像素"，高度为"800 像素"，分辨率为"72 像素 / 英寸"，颜色模式为"RGB 颜色"，名称为"不锈钢水杯"。

Step 02 在工具箱中选择"圆角矩形工具"□，设置半径为"15 像素"。绘制一个长方形成为"圆角矩形 1"，选择工具箱中的"转换点工具"►，单击所绘长方形的边缘，出现可编辑点，用鼠标左键按住可编辑点进行拖曳，即可拉出调节杆进行弧度调整，如图 5-39 所示。调整完成后效果如图 5-40 所示。

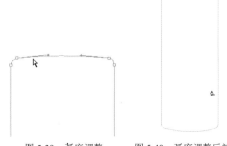

图 5-39 弧度调整 　　图 5-40 弧度调整后效果

Step 03 对"圆角矩形 1"图层设置"图层样式"，勾选"渐变叠加"复选框，设置角度为"180"度，如图 5-41 所示。在渐变样式中加入 6 个色标，使其产生较为真实的立体效果，色标值从左至右分别为 RGB（180，180，180）、RGB（120，120，120）、RGB（58，58，58）、RGB（240，240，240）、RGB（173，173，173）和 RGB（210，210，210），如图 5-42 所示，画面效果如图 5-43 所示。

图 5-41 "渐变叠加"设置

图 5-42 "渐变编辑器"色标设置 1

图 5-43 渐变叠加后效果

Step 04 采用与上一步骤相同的方法制作杯盖部分，渐变色标值从左至右分别为 RGB（184，184，184）、RGB（151，151，151）、RGB（125，124，124）、RGB（241，241，241）、RGB（204，203，203）和 RGB（227，

227，227），如图 5-44 所示，画面效果如图 5-45 所示。

图 5-44 "渐变编辑器"色标设置 2

图 5-45 杯盖绘制效果

Step 05 新建图层，使其处于"圆角矩形 1"图层下方，将前景色设置为"黑色"，选择"画笔工具" ，设置画笔硬度为"0%"，在其选项栏中分别设置不同的透明度和流量值，绘制瓶子投影，效果如图 5-46 所示。

Step 06 打开素材库中的"素材—花纹"图片，选择"移动工具"将其拖至文件中，选择"编辑"→"自由变换"命令开启自由变换模式，调整其大小，如图 5-47 所示。按【Shift+Ctrl+U】组合键对花纹进行去色处理，设置图层混合模式为"正片叠底"，效果如图 5-48 所示。

图 5-46 添加投影后效果　　图 5-47 添加花纹后效果

Step **07** 选择工具箱中的"横排文字工具" T.，输入文字"Bossa Nova"，选择"编辑"→"自由变换"命令开启自由变换模式，调整其大小，并设置图层混合模式为"正片叠底"，效果如图 5-49 所示。

图 5-48　正片叠底后效果　　图 5-49　添加文字后效果

⋗ 5. 技巧点拨

"渐变工具" ■.的功能是两种、多种颜色之间或同一颜色的两个色调之间的逐渐混合。

渐变效果是通过在"渐变编辑器"中设置渐变条的一系列色标来定义的。色标是指渐变中的一个点，色标由渐变条下的彩色方块标识，渐变是该点从一种颜色变为另一种颜色。默认情况下，渐变由左、右两种颜色开始，中点在 50% 的位置。当对渐变进行打印或分色时，所有颜色都将转换为 CMYK 印刷色。

1）修改渐变

可通过添加颜色来创建多色渐变或通过调整色标和中点来修改渐变。选择工具箱中的"渐变工具"，单击选项栏中的"点按可编辑渐变"按钮，如图 5-50 所示。在弹出的"渐变编辑器"对话框"预设"选项中可选择渐变样式或设置色标值，如图 5-51 所示。可通过单击色标来改变色标处的颜色，同时按住鼠标左键拖动色标位置来进行颜色范围的调整。

图 5-50　"点按可编辑渐变"按钮

2）渐变模式

在渐变选项栏中，提供了 5 种渐变模式，如图 5-52 所示。"线型渐变"、"径向渐变"、"角度渐变"、"对称渐变"和"菱形渐变"效果分别如图 5-53、图 5-54、图 5-55、图 5-56和图 5-57 所示。

图 5-51　"渐变编辑器"对话框

图 5-52　渐变模式　　　　图 5-53　线型渐变

图 5-54　径向渐变　　　　图 5-55　角度渐变

图 5-56　对称渐变　　　　图 5-57　菱形渐变

项目一

项目二

项目三

项目四

项目五

项目六

项目七

5.3.2 应用模式——饮料瓶包装设计

➊ 1. 任务效果图（见图 5-58）

图 5-58 "饮料瓶包装设计"效果图

图 5-59 饮料瓶效果　图 5-60 添加花纹图案效果

Step 04 为饮料瓶添加高光部分，设置图层不透明度为"30%"，添加"素材—商标"图片，设置图层混合模式为"正片叠底"，效果如图 5-62 所示。

➊ 2. 关键步骤

Step 01 运用"钢笔工具" ✍.、"渐变工具" ▦,制作如图 5-59 所示饮料瓶。

Step 02 选择"自定形状工具" ✿.，添加花纹图案,设置图层混合模式为"正片叠底"，效果如图 5-60 所示。

Step 03 选择"横排文字工具" T.，添加文字并进行描边，设置图层混合模式为"正片叠底"，效果如图 5-61 所示。

图 5-61 添加文字后效果　图 5-62 添加高光部分后效果

5.4　任务 4　包装设计之流行元素

5.4.1 引导模式——波普风格巧克力包装设计

➊ 1. 任务描述

利用"快速选择工具""调整图层""彩色半调"等命令，设计一款波普风格巧克力包装。

➊ 2. 能力目标

① 能熟练运用"快速选择工具"快速、

清晰地选取人物；

② 能熟练运用"调整图层"调整整个图像的色彩；

③ 能熟练运用"定义图案""图案叠加"命令制作波普风格特有的班戴点（Ben-Day dot）。

3. 任务效果图（见图5-63）

图5-63　"波普风格巧克力包装设计"效果图

4. 操作步骤

Step 01 打开"新建文档"对话框，设置名称为"波普风格巧克力包装"，宽度为"600像素"，高度为"800像素"，分辨率为"150像素/英寸"，参数如图5-64所示。

图5-64　"新建文档"对话框

Step 02 将"素材—女性侧脸"图片拖至文档中，居中放置，然后按【Enter】键确认，此时画面如图5-65所示。

Step 03 选择工具箱中的"快速选择工具" ，在选项栏中单击"添加到选区"按钮 ，在画面中将人物全部选中，如图5-66所示。注意：开始时可将笔刷设置为30左右，以提高选择效率，而当人物大部分被选中后，将笔刷调至10左右来对一些细节部位进行选取。

图5-65　素材居中放置

图5-66　人物被选中

Step 04 单击选项栏中的"选择并遮住"按钮 ，在弹出的如图5-67所示的对话框中，在边缘检测中勾选"智能半径"复选框，在全局调整中设置平滑为"4"，在输出设置中勾选"净化颜色"复选框。单击"确定"按钮后，画面中的人物被抠出，效果如图5-68所示。

Step 05 新建一个图层为"图层1"，位于刚才的"素材—女性侧脸 拷贝"图层的下方，如图5-69所示。选择工具箱中的"油漆桶工具" ，设置前景色为RGB（233，65，23），填充至"图层1"中，画面效果如图5-70所示。

Step 06 选中"素材—女性侧脸 拷贝"图层，按【Ctrl+J】组合键复制一层得到"素材—女性侧脸 拷贝2"图层，在图层控制面板中，设置图层混合模式为"强光"。

图 5-67 "选择并遮住"对话框

图 5-68 人物被抠出效果

图 5-69 "图层 1"位置

图 5-70 背景添加颜色后效果

Step 07 单击图层控制面板下方的"创建新的填充或调整图层"按钮 ，在弹出的菜单中选择"渐变映射"命令，如图 5-71 所示。打开"渐变映射"面板，如图 5-72 所示，单击"点按可编辑渐变"按钮，在弹出的"渐变编辑器"对话框中，将左侧色标值改为 RGB（67，73，195）；在中间添加一个色标，设置色标值为 RGB（222，79，40）；将右侧色标值改为 RGB（255，234，0），如图 5-73 所示。此时画面效果如图 5-74 所示。

图 5-71 "创建新的填充或调整图层"菜单

图 5-72 "渐变映射"面板

图 5-73　"渐变编辑器"对话框

图 5-74　添加渐变映射后画面效果

Step 08 选中"渐变映射 1"图层，按住【Alt】键不放，出现一个向下的箭头，单击即可将该渐变映射效果应用于该图层。按【Ctrl+Alt+Shift+E】组合键，得到一个盖印图层"图层 2"，图层控制面板如图 5-75 所示。

图 5-75　"图层 2"与"渐变映射 1"图层

Step 09 选择"滤镜"→"像素画"→"彩色半调"命令，在如图 5-76 所示的"彩色半调"对话框中设置最大半径为"4"像素，此时画面效果如图 5-77 所示。

图 5-76　"彩色半调"对话框

图 5-77　添加彩色半调后画面效果

Step 10 选中"素材—女性侧脸 拷贝 2"图层，按住【Ctrl】键的同时单击该图层的"图层蒙版缩略图"，如图 5-78 所示，即可将人物区域变为选区。按【Ctrl+Shift+I】组合键得到反转选区，选中"图层 2"，按【Delete】键删除，然后按【Ctrl+D】取消选区，此时画面效果如图 5-79 所示。

图 5-78　图层蒙版缩略图

图 5-79　删除点状背景后效果

Step 11 接下来制作波普风格特有的班戴点。新建一个文档，设置宽度为"100 像素"，高度为"100 像素"，分辨率为"72 像素 / 英寸"。选择工具箱中的"椭圆工具"○，按住【Shift】键的同时拖动鼠标左键，在画布中间绘制一个圆形，设置宽度为"68 像素"，高度为"68 像素"，颜色值为 RGB（233，65，32），如图 5-80 所示。

图 5-80 绘制圆形

Step 12 选择"编辑"→"定义图案"命令，在"图案名称"对话框中输入"dot"，如图 5-81 所示，单击"确定"按钮。

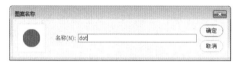

图 5-81 输入图案名称

Step 13 回到刚才的人物文档，选中"图层 1"，双击该图层弹出"图层样式"对话框，选择"图案叠加"复选框，在"图案"下拉菜单中选择刚才保存的图案"dot"，如图 5-82 所示。设置不透明度为"25%"，缩放为"60%"，画面效果如图 5-83 所示。

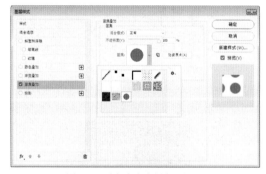

图 5-82 选择自定义图案 "dot"

Step 14 选择工具箱中的"矩形工具"□，设置宽度为"600 像素"，高度为"150 像素"，颜色值为 RGB（233，65，32），绘制如图 5-84 所示的矩形。

图 5-83 背景添加圆点后效果

图 5-84 添加矩形

Step 15 选择工具箱中的"横排文字工具" T，在画面中分别输入文字"TOGO""61%"，设置字体为"Impact"，大小为"28 点"，颜色值为 RGB（0，13，163），"仿粗体"。再次输入英文"THE MAMARA"，设置字体为"Arial"，大小为"18 点"，颜色值为 RGB（255，255，0），"仿粗体"。输入英文"CHOCOLATE"，设置字体为"Arial"，大小为"12 点"，颜色值为 RGB（255，255，0），文字位置如图 5-85 所示。

图 5-85 添加文字

◆ 5. 波普艺术风格介绍

波普一词来源于英文 Popular（大众化），诞生于 20 世纪 50 年代中期的英国，是一种新的写实主义手法，通过一些夸张、视觉感强烈的形象来表达对虚无主义思想的反对。1960 年代，波普艺术的影响力开始流传至美国，涌现出众多具有影响力的艺术家，如安迪·沃霍尔（Andy Warhol）、罗伊·利希滕斯坦（Roy Lichtenstein）、罗伯特·劳森伯格（Robert Rauschenberg）等。如图 5-86 所示为 1962 年安迪·沃霍尔的作品《玛丽莲·梦露》，如图 5-87 所示为罗伊·利希滕斯坦的作品。

图 5-86　安迪·沃霍尔作品《玛丽莲·梦露》

图 5-87　罗伊·利希滕斯坦作品

波普艺术风格的特点在于追求大众化、通俗化，在设计时强调画面的新奇与独特效果，色彩强烈，被广泛应用于包装设计、服装设计、产品设计等领域。例如，2018 年日本 SK-II 公司推出了 KARAN 限量版青春露，如图 5-88 所示，此款产品是 SK-II 与澳洲波普艺术大师 Karan 联名合作的限量产品，其对比强烈的色彩及几何图形的拼接，一经推出就受到年轻消费者们的广泛好评。

图 5-88　SK-II KARAN 限量版青春露

波普艺术风格中除了会运用到各种名气效应，还会运用名人文化，如一些经典的动漫画形象，如图 5-89 所示；还会将人们的日常物品作为创作元素应用其中，如图 5-90 所示。图案是波普艺术风格主要的表现形式，画面带有娱乐性、趣味性和幽默感。

图 5-89　波普艺术中运用迪士尼形象

图 5-90　波普艺术风格海报

5.4.2 应用模式——波普风格蛋糕包装设计

1. 任务效果图（见图 5-91）

图 5-91 "波普风格蛋糕包装设计"效果图

2. 关键步骤

Step 01 打开素材库中的"素材—植物"图片，按【Ctrl+J】组合键复制一层成为"图层1"，如图 5-92 所示。按【Ctrl++】组合键将画布放大，以便能看清树叶的轮廓边缘。

图 5-92 复制背景图层

Step 02 选择工具箱中的"钢笔工具" ∅.，在选项栏中将"选择工具模式"改为"形状" 形状 ，设置前景色为 RGB（0，0，0），对叶片进行绘制，如图 5-93 和图 5-94所示。使用同样的方法绘制剩下的树叶。

图 5-93 绘制右侧树叶形状

图 5-94 绘制左侧树叶形状

Step 03 使用同样的方法绘制所有树叶的经络，如图 5-95 所示。

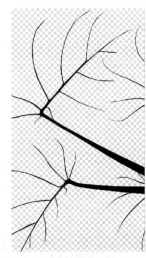

图 5-95 绘制所有树叶经络

Step 04 根据波普风格的特点给树叶、经络、背景添加较为鲜艳的色彩，参考如图 5-96所示的效果。新建一个文档，设置宽度为"100像素"，高度为"100 像素"，分辨率为"72像素 / 英寸"。选择工具箱中的"直线工具" ╱.，按住【Shift】键的同时拖动鼠标左键，在画布对角线位置绘制一条斜线，颜色任意，背景为白色，如图 5-97 所示。回到画布，选中背景色图层，在其图层样式中勾选"图案

项目一

项目二

项目三

项目四

项目五

项目六

项目七

叠加"复选框，设置"混合模式"为"线性光"，不透明度为"25%"，"图案"选择刚才制作的斜线，缩放为"30%"，效果如图 5-98所示。

图 5-97　绘制斜线

图 5-96　树叶、经络、背景添加颜色后效果

图 5-98　背景添加斜线后效果

5.5　实践模式——罐子设计

相关素材

制作要求：根据如图 5-99 所示的效果图制作罐子立体效果图。注意罐子各部分的长宽比例、罐身的条纹色块大小。瓶盖为金属质感，可通过"图层样式"对话框中一些选项进行颗粒效果的制作。罐身需添加文字说明，注意选择合适的字体与大小。

图 5-99　参考效果图

知识扩展

➲ 1. 产品包装设计的定义

产品包装设计指针对产品自身的特点，选择恰当的包装材料，如塑料、金属、木头等，运用不同的工艺手法进行立体构造设计并对包装本身施以美化装饰设计，保证在保护产品完整性的同时具备较好的视觉美感与使用舒适性、运输便捷性。

整个包装设计包括产品的容器设计、内外包装设计、吊牌设计、标签设计、运输包装设计及礼品包装设计等。优秀的产品包装设计不仅是一种吸引顾客的手段，更是企业产品自身价值的体现，是产品面向市场时必不可少的设计环节。

● 2. 产品包装设计要点

1）产品包装标签

产品包装标签是指在产品销售包装上出现的诸如文字、图形、雕刻等内容的附着物或悬挂的签条。消费者可通过包装标签了解产品的相关信息，可以更好地进行产品的选购。产品包装标签的主要内容有：制造商或销售者的名称和地址、产品名称、商标、成分、产品特点、产品数量、使用方法及用量、编号、贮藏注意事项、质检号、生产日期和有效期等。

在设计产品包装标签时，首先需要将其放置在同一个平面来进行设计，如图 5-100 所示，每个面的文字、色彩、图案的运用应保持统一性，然后将其立体化，进行完善修改，以达到更好的设计效果。

图 5-100　产品包装标签展开图

2）产品包装标志

产品包装标志是指构成产品运输包装上的图形、文字及数字的组合。常见的有运输标志、指示性标志、警告性标志。

（1）运输标志：内容包含收货人、发货人、目的地或中转地、件号、批号、产地等，通常以几何图形、字母、数字或简短文字组成，如图 5-101 所示。

MODEL:QT18-8
QTYL:8 PCS/CTN
G.W.:4.5KGS
N.W.:3.21KGS
MEAS:34X32X46 CM

图 5-101　运输标志

（2）指示性标志：针对产品的特性，在包装上运用图形或简单文字标识诸如易破碎、残损、变质等标志。此类标志能够有效帮助人们在装卸、搬运、储存产品过程中引起重视，常见的标志有"向上""易碎""轻放"等，如图 5-102 所示。

图 5-102　指示性标志

（3）警告性标志：主要是印在易燃易爆品、腐蚀性物品和放射性物品等危险品产品上的图形或文字，借以发挥警告作用。常见的标志有"爆炸品""易燃品""剧毒品"等，如图 5-103 所示。

图 5-103　警告性标志

5.6　知识点练习

一、填空题

1. 使用"钢笔工具"创建直线点的方法是用_____工具直接单击。

2. 使用"钢笔工具"绘制一条开放路径后，开始绘制另一条与之不相连的路径时，可以按住_____键的同时单击路径外的任意处，结束第一条路径。

3. 选中钢笔路径上选项面板上的_____选项，不用选择添加或删除"锚点工具"，就可以在已有路径上添加或删除锚点。

4. 在 Photoshop 中，当选择"渐变工具"时，在工具选项栏中提供了_____种渐变方式。

二、选择题

1. 下列选区创建工具可以"用于所有图层"的是（　　）。

A．"魔棒工具"

B．"矩形选框工具"

C．"椭圆选框工具"

D．"套索工具"

2. 要使用"钢笔工具"绘制直线型路径，以下说法正确的是（　　）。

A．用"钢笔工具"单击并按住鼠标拖动

B．用"钢笔工具"单击并按住鼠标拖动使之出现两个控制句柄，然后按住【Alt】键的同时单击

C．使用"钢笔工具"在不同的位置单击即可

D．按住【Alt】键的同时用"钢笔工具"单击

3. 使用"磁性套索工具"在选择的过程中，在不中断选择的情况下将"磁性套索工具"快速变成"多边形套索工具"的方法是（　　）。

A．按住【Alt】键单击

B．按住【Alt】键双击

C．按住【Shift】键单击

D．按住【Shift】键双击

4. 如未提前设定羽化，或使用的选取方法不包含羽化功能，在选区被激活的状态下可弥补的方式是（　　）。

A．滤镜→羽化

B．【Ctrl + Alt + D】

C．滤镜→模糊→羽化

D．选择→修改→羽化

5. 如图 5-104 所示，上面部分的选区是由"魔棒工具"选取得到的，要将选区内的漏选部分快速地消除，实现下面部分所示的效果，应使用（　　）命令。

图 5-104　选区变化

A．羽化　　　　　　B．平滑

C．扩展　　　　　　D．收缩

E．边界

三、判断题

1. 如果使用"矩形选框工具"，可以先在其工具选项栏中设定"羽化"数值，然后在图像中拖曳创建选区。（　　）

2. 如果使用"魔棒工具"，可以先在其工具选项栏中设定"羽化"数值，然后在图像中单击创建选区。（　　）

3. 可以使用"钢笔工具"对"自定形状工具"所画对象的形状进行修改。（　　）

4. "羽化"最小值可以设定为 0.1 像素。（　　）

5. "自定形状工具"画出的对象是矢量的。（　　）

项目一

项目二

项目三

项目四

项目五

项目六

项目七

界面设计篇

项目六　网站页面设计

项目七　产品界面设计

本篇学习要点：

• 了解网页的基本类型与设计流程；

• 掌握网页Logo、Banner、导航、动态效果的基本设计方法；

• 掌握各种不同界面的设计思想和理念；

• 掌握相关制作工具的使用技巧与知识点；

• 能应用Photoshop工具进行各种主流类型网页、产品界面的设计；

• 明确界面设计的重要性，网页、界面中要传达正能量的信息，使人能分辨是非，走

　正道，树立正确的价值观。

项目六 网站页面设计

网页主要框架内容可以分为以下几个部分：

① 网站 Logo；

② 标题栏、导航栏（如主页、个人信息、动态、联系等）；

③ 页面（图片、文字等）。页面的主体架构主要有左中右，上下，或者四格等形式，当然，根据使用和设计需求可以有很多种别的样式。

6.1 任务1 网站页面元素设计

6.1.1 引导模式——精美按钮设计

◆ 1. 任务描述

利用"图层样式"、"渐变叠加工具"等，制作一个网站页面的精美按钮。

◆ 2. 能力目标

① 能熟练运用"图层样式"制作各种特效效果；

② 能熟练运用"圆角矩形工具"绘制按钮；

③ 能熟练运用"图案的填充效果"命令。

◆ 3. 任务效果图（见图6-1）

图6-1 "精美按钮设计"效果图

◆ 4. 操作步骤

Step 01 新建文件，设置宽度为"600像素"，高度为"600像素"，分辨率为"72像素/英寸"，颜色模式为"RGB 颜色"，名称为"精美按钮设计"。

Step 02 选择工具箱中的"圆角矩形工

具"▢，单击画布，出现如图6-2所示的"创建圆角矩形"对话框，设置半径为"5像素"，宽度为"180像素"，高度为"60像素"，单击"确定"按钮，效果如图6-3所示。

图6-2 "创建圆角矩形"对话框

图6-3 圆角矩形效果图

Step 03 双击图层控制面板中的"圆角矩形1"图层，打开"图层样式"对话框，勾选"渐变叠加"复选框，如图6-4所示。在"渐变编辑器"对话框中设置渐变颜色值，左侧的色标颜色值为 RGB（239，123，27），中间的色标颜色值为 RGB（255，204，0），右边的色标颜色值为 RGB（230，222，0），如图6-5所示。

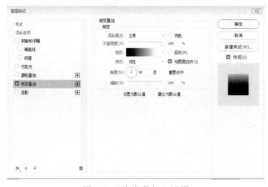

图6-4　"渐变叠加"设置

图6-5　"渐变编辑器"对话框

Step 04 勾选"描边"复选框，设置大小为"1"像素，位置为"内部"，混合模式为"正常"，颜色值为 RGB（240，156，24），如图6-6所示。总体绘制效果如图6-7所示。

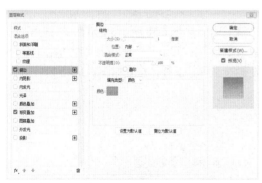

图6-6　"描边"设置

图6-7　描边后按钮效果图

Step 05 为按钮添加斜线效果。新建一个文档，设置宽度为"4像素"，高度为"4像素"，名称为"斜线效果"。

Step 06 将新建的"斜线效果"文档放大，或按【Ctrl++】组合键，将它放大到"1600%"。新建一个图层为"图层1"，双击"背景"图层，单击"确定"按钮，再删除"背景"图层，只留下"图层1"，如图6-8所示，图层为透明状态。

图6-8　"图层1"的透明状态

Step 07 选择工具箱中的"铅笔工具"，设置笔尖的大小为"1像素"，硬度为"100%"，前景色为白色，如图6-9所示画一条对角线。选择"编辑"→"定义图案"命令，弹出如图6-10所示的"图案名称"对话框，命名为"斜线效果"。

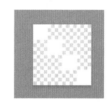

图6-9　对角线效果图

图6-10　"图案名称"对话框

Step 08 回到制作按钮的文件，按住【Ctrl】键的同时单击"圆角矩形1"图层，得到按钮选区，选中的按钮效果如图6-11所示。

图6-11　得到按钮选区

Step 09 新建一个图层，选择"编辑"→"填充"命令，在"填充"对话框中的"图案"下拉列表中选择"自定图案"，从中选择之前储存的"斜线效果"图案，如图6-12所示。

图 6-12　斜线效果填充

Step 10 选择"选择"→"修改"→"收缩"命令，设置收缩量为"2"。同时按【Ctrl+Shift+ I】组合键，把选区进行反选，再按【Delete】键进行删除，按【Ctrl+D】组合键取消选区，更改图层混合模式为"柔光"，不透明度为"40%"，如图 6-13 所示。

图 6-13　图层控制面板参数设置

Step 11 选择"横排文字工具" T.，输入英文"Shopping"，设置字体为"Arial Black"，大小为"24 点"，颜色为白色。双击"Shopping"文字图层，打开"图层样式"对话框，勾选"投影"复选框，设置颜色为RGB（187，93，0），大小为"2"像素，距离为"1"像素，混合模式为"正片叠底"，如图 6-14 所示。按钮效果如图 6-15 所示。

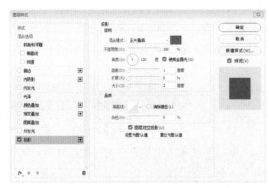

图 6-14　"投影"设置

图 6-15　按钮添加文字后效果

Step 12 选择"自定形状工具" ✿.，在其菜单中选择"箭头"形状，如图 6-16 所示，将箭头形状导入，从导入的箭头中选择"箭头 2"，绘制一个箭头，设置高度为"18 像素"，宽度为"18 像素"，颜色值为 RGB（255，255，255），效果如图 6-17 所示。选择"Shopping"文字图层并右击，在弹出的快捷菜单中选择"拷贝图层样式"命令。选择"形状 1"图层并右击，在弹出的快捷菜单中选择"粘贴图层样式"命令。

图 6-16　导入箭头　　图 6-17　添加箭头后效果

Step 13 在图层控制面板上单击"创建新组"按钮 ▭，把除"背景图层"外的其他图层拖至"组 1"中，如图 6-18 所示。把"组 1"拖至"创建新图层"按钮 ▯ 上，复制出"组 1 副本"，在画布上将其下移，位置如图 6-19 所示。

图 6-18　创建"组 1"　　图 6-19　复制按钮后效果

Step 14 选择"组1副本"中的"圆角矩形1"图层，双击打开"图层样式"对话框，在"渐变叠加"中勾选"反向"复选框，如图6-20所示。按钮最终效果如图6-21所示，此为按钮"选中"和"未选中"两个状态。

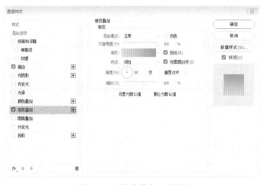

图6-20 "渐变叠加"设置

图6-21 按钮最终效果图

◐ 5. 技巧点拨

1）上下文提示

在绘制图形、调整选区、修改路径等矢量对象，以及调整画笔的大小、硬度、不透

明度时，将显示相应的提示信息，如图6-22所示。

2）图层组

旧版本 Photoshop 中的图层组只能设置混合模式和不透明度，而新版本 Photoshop 中的图层组则可以像普通图层一样设置图层样式、填充、不透明度及其他高级混合选项，如图6-23所示。

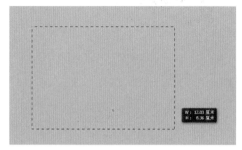

图6-22 上下文提示

图6-23 图层组图层样式选项

6.1.2 应用模式——导航栏设计

◐ 1. 任务效果图（见图6-24）

图6-24 "导航栏设计"效果图

◐ 2. 关键步骤

Step 01 新建一个透明背景文件，命名为"导航栏设计"，选择工具箱中的"圆角矩形工具"□，在其选项栏中设置宽度为"600像素"，高度为"40像素"，在画布上画出一个长条圆角矩形作为导航栏，如图6-25所示。

图6-25 绘制圆角矩形

Step 02 双击"圆角矩形1"图层，打开"图层样式"对话框，勾选"内发光"复选框，设置不透明度为"75%"，大小为"3"像素，混合模式为"滤色"。勾选"渐变叠加"复选框，

设置从左到右的色标颜色值分别为 RGB（57，175，143）、RGB（123，217，183）、RGB（138，229，196）、RGB（158，249，207），如图 6-26 所示。勾选"描边"复选框，设置色标颜色值为 RGB（68，153，140），大小为"1"像素，位置为"外部"，效果如图 6-27 所示。

图 6-26 "渐变编辑器"对话框

图 6-27 导航栏效果图

Step 03 设置字体为"Arial"，常规模式为"Regular"，大小为"18 点"，输入文字"Home""Downloads""Contact Us""Members"，设置颜色值为 RGB（87，114，110），效果如图 6-28 所示。

图 6-28 添加文字后效果

Step 04 双击"文字"图层，打开"图层样式"对话框，勾选"描边"复选框，设置颜色值为 RGB（211，244，233），大小为"1"像素，位置为"外部"，效果如图 6-29 所示。

图 6-29 添加描边后效果

Step 05 选择"铅笔工具" ✐.，绘制 3 条分割竖线。选择"橡皮擦工具" ✐.，将透明度设置为"20%"，将白线两端反复擦除，从而产生渐变效果如图 6-30 所示。

图 6-30 绘制分割线后的导航栏效果

Step 06 选择工具箱中的"圆角矩形工具" ☐.，绘制一个搜索框。双击"圆角矩形 2"图层，在弹出的"图层样式"对话框中，勾选"内阴影"复选框，设置不透明度为"75%"，混合模式为"正片叠底"，距离为"1"像素，大小为"2"像素，如图 6-31 所示。

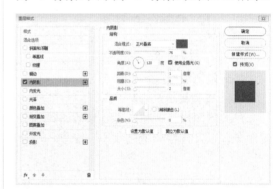

图 6-31 "内阴影"设置

6.2 任务 2 个人网站页面设计

6.2.1 引导模式——明星个人网页框架设计

➲ 1. 任务描述

设计制作一个上下型个人网站首页，Logo、Banner 及相关文字内容需要做到风格统一、颜色协调。

➲ 2. 能力目标

① 能熟练运用"标尺"与"参考线"的辅助，精确绘制导航条及文字内容框；

② 能熟练运用"图片导入工具"导入外部素材；

③ 能熟练运用"混合模式"设置各种图层效果，以制作风格不同的字体、图片效果。

◆ 3. 任务效果图（见图6-32）

图6-32 "明星个人网页框架设计"效果图

◆ 4. 操作步骤

Step 01 新建文件，设置宽度为"800 像素"，高度为"600 像素"，分辨率为"150 像素／英寸"，颜色模式为"RGB 颜色"，名称为"明星个人网页框架"。

Step 02 打开素材库中的"素材—底图"图片，选择"图像"→"图像大小"命令或按【Alt+Ctrl+I】组合键，打开"图像大小"对话框，修改图像大小。取消选中"约束比例"按钮，设置宽度为"800 像素"，高度为"600 像素"，如图6-33 所示。然后，使用"移动工具"将图片拖动至新建文件中，调整大小和位置，使其覆盖整个画布。

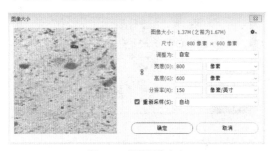

图6-33 调整图像大小

Step 03 选择"图像"→"调整"→"色相／饱和度"命令，或按【Ctrl+U】组合键，打开"色相／饱和度"对话框，设置色相为"17"，饱和度为"25"，明度为"-87"。

Step 04 选择"视图"→"显示"→"网格"命令显示网格，选择"视图"→"标尺"命令显示标尺。

Step 05 在上部及左边标尺处按住鼠标左键并拖动，可拖出多根垂直或水平的"参考线"，用来确定网页导航栏和内容栏的位置。选择工具箱中"圆角矩形工具" ▢.，设置半径为"5"像素，设置前景色颜色值为 RGB（178，152，173），在画布中间处绘制四个大小相同的圆角矩形作为导航栏。

注意：为了保证导航栏按钮大小一致，可以采用复制图层的方法，将一个绘制好的按钮复制出来，然后拖动到其他位置。为了美观起见，可以对导航条的颜色设置从左至右亮度稍微递增。

Step 06 在导航栏下部使用"圆角矩形工具" ▢.绘制一个大矩形作为内容栏，设置颜色值为 RGB（255，255，255）。效果如图6-34 所示。

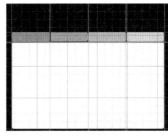

图6-34 制作导航栏和内容栏

Step 07 按住工具箱中"圆角矩形工具" ▢.按键，在其扩展选项中选择"多边形工具" ▢.，设置边数为"3"。按住【Ctrl】键绘制 4 个小三角形，使其呈倒三角形状，选择"移动工具" ✛.将其拖至每个导航栏下部左侧。选择工具箱中"吸管工具" ✎.，用吸管拾取导航栏相应按钮上的颜色。效果如图6-35 所示。

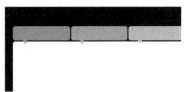

图6-35 绘制倒三角形

Step 08 打开素材库中的"素材—头像"图片，选择工具箱中"移动工具"将图片拖至新建文件中。按【Ctrl+T】组合键开启自由变换模式，按住【Shift】键的同时用鼠标调节图片大小，按【Enter】键确认。将图片拖至内容栏的左部，效果如图 6-36 所示。

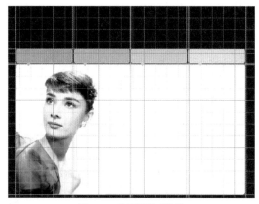

图 6-36　放置图片后效果

Step 09 选择工具箱中的"横排文字工具" T.，设置字体颜色为白色，字体为"BankGothic Md BT"，大小为"12 点"，"浑厚"。在导航栏各个按钮中分别输入文字"MAIN""NEWS""PHOTO""CONTACT"，位置如图 6-37 所示。

Step 10 新建一个图层，选择工具箱中的"横排文字工具" T.，设置字体为"AlexeiCopperplateITC Nomal"，设置字体颜色为白色，大小为"18 点"。在导航栏按钮右侧分别输入数字"01""02""03""04"，设置不透明度为"20%"，效果如图 6-37 所示。

图 6-37　制作导航栏

Step 11 按以下设置充实内容栏部分。

段落一：设置字体为"Arial"，常规模式"Regular"，大小为"6 点"，颜色值为 RGB（118，64，108），"浑厚"，行距为"8 点"。输入以下文字，位置如图 6-38 所示。

STYLE ICON'S WARDROBE FOR SALE KERRY TAYLOR AUCTIONS TO SELL AN HISTORIC COLLECTION OF AUDREY HEPBURN COUTURE AND ACCESSORIES

段落二：设置字体为"Arial"，常规模式"Regular"，大小为"8 点"，颜色值为 RGB（146，102，137），"浑厚"。输入以

下文字，位置如图 6-38 所示。

The Real Audrey

设置字体为"Arial"，常规模式"Regular"，大小为"6 点"，颜色值为 RGB（178，152，173），"浑厚"，行距为"8 点"。输入以下文字，位置如图 6-38 所示。

"My career is a complete mystery to me. It's been a total surprise since the first day. I never thought I was going to be an actress; I never thought I was going to be in movies. I never thought it would all happen the way it did."

The real Audrey Hepburn story begins with a little girl who experienced the cruelty and consequences of World War II and who never forgot what liberation felt like or the images of aid arriving to her and thousands like her in Holland.

Step 12 分别打开素材库中的"素材—生活照 1"图片、"素材—生活照 2"图片、"素材—生活照 3"图片，将图片拖至新建文件中，按【Ctrl+T】组合键调整图片大小如图 6-38 所示。

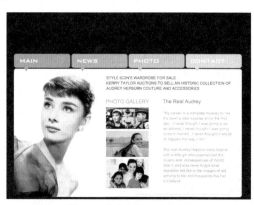

图 6-38　文字段落及图片设置

Step 13 分别对 3 张图片进行描边处理，选择"图层"→"图层样式"→"描边"命令，打开"图层样式"对话框，设置大小为"2"像素，颜色值为 RGB（178，152，173），如图 6-39 所示。

Step 14 选择"图像"→"调整"→"色相 / 饱和度"命令或按【Ctrl+U】组合键，打开"色相 / 饱和度"对话框，对此 3 张图片进行色相

和饱和度的调整，使其与整个网站色调更加和谐。

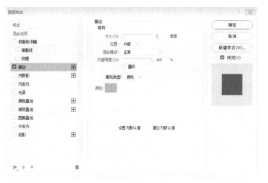

图 6-39　"描边"设置

Step 15 在 3 张图片的上方输入文字"PHOTO GALLERY"，设置字体为"Arial"，常规模式"Regular"，大小为"8 点"，颜色值为 RGB（178，152，173），"浑厚"。

Step 16 选择工具箱中"横排文字工具" T，设置字体的颜色值为 RGB（204，204，204），字体为"Arial"，大小为"4 点"，"浑厚"，输入文字"All Photographs: Copyright © Sean Ferrer and Luca Dotti unless otherwise indicated"。

注意：在网页的下方一般都要有备案号、版权保护、最佳浏览分辨率、所有人公司等信息。

Step 17 打开素材库中的"素材—签名"图片，将图片拖动至新建文件中，调整位置到页面的左上部。选择"图像"→"调整"→"反相"命令，将图片颜色反相。选择"图像"→"调整"→"色相/饱和度"命令，打开"色相/饱和度"对话框，调整图片的色相和饱和度，使其与导航栏的颜色相似，效果如图 6-40 所示。

图 6-40　"素材—签名"的调整

⊙ 5. 技巧点拨

1）素材导入

在制作网页的过程中，经常需要导入外部素材。导入图片的方法有很多种，可以通过以下任意一种方式来导入图片到当前文件。

（1）选择"文件"→"置入嵌入对象"命令，选择需要导入的图片，即可将选中图片导入到当前文件的画布中。

（2）选择"文件"→"打开"命令，打开需要导入的图片，然后选择工具箱中"移动工具"，点选图片后拖动到当前文件的画布中。

以上两种导入方法最主要的区别是：使用置入方法导入的图片，是将图片、PDF、AI 等矢量文件作为智能对象导入 Photoshop，后期处理是对智能对象进行处理；而使用第二种方法导入的图片可以对其进行色相、饱和度等图像的后期处理。

2）输出设置

输出设置是控制如何设置 HTML 文件的格式、如何命名文件和切片，以及在存储优化图像时如何处理背景图像。

选择"文件"→"导出"→"存储为 Web 所用格式"命令，在弹出的对话框中单击"存储"按钮，打开"将优化结果存储为"对话框，选择"设置"下拉列表中的"其他"选项，打开"输出设置"对话框，如图 6-41 所示，设置输出为 HTML。

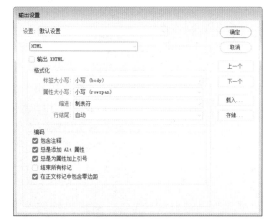

图 6-41　"输出设置"对话框

"设置"下拉菜单中有 4 个选项，HTML、切片、背景、存储文件，可在此选择其中某一选项。也可以单击对话框中的"下一个"

按钮显示菜单列表中的下一组选项，单击"上一个"按钮显示上一组。

如要存储输出设置，可以单击对话框中"存储"按钮，输入文件名，选择存储文件的位置，然后单击"保存"按钮。

如要载入输出设置，可以单击对话框中的"载入"按钮，选择一个文件，然后单击"打开"按钮。

3）在图像中包括标题和版权信息

通过在"文件简介"对话框中输入信息，可以将标题和版权信息添加到 Web 中。当使

用 HTML 文件导出图像时，标题信息显示在 Web 浏览器的标题栏上。版权信息不在浏览器中显示，但是它被作为注释添加到 HTML 文件中，并作为元数据被添加到图像文件中。

选择"文件"→"文件简介"命令，打开"文件简介"对话框。在"说明"部分的"文档标题"文本框中输入所需的文本。在"说明"部分的"版权公告"文本框中输入所需的文本。

6.2.2　应用模式——个人网页框架设计

❖ 1. 任务效果图（见图 6-42）

图 6-42　"个人网页框架设计"效果图

❖ 2. 关键步骤

Step 01 新建图层为"背景色"，填充为纯黑。使用"矩形工具"□,自上而下分别绘制 3 个矩形，填充颜色值分别设置为 RGB（0，85，116）、RGB（33，139，189）和 RGB（222，222，222）。给 3 个图层分别取名为"导航背景"、"标题背景"和"主界面背景"。效果如图 6-43 所示。

Step 02 在导航部分添加"主页""相册""博客""留言板"文字，设置字体为"宋体"，颜色为白色，大小为"24 点"。标题部分添加"John 的网站"文字，设置字体为"宋体"，大小为"48 点"。添加"http://www.johnwebsite.cn"文字，设置字体为"Arial"，

颜色为白色，大小为"18 点"，效果如图 6-44 所示。

图 6-43　"个人网页框架设计"背景

图 6-44　添加文字效果

Step 03 使用"矩形工具"□,绘制一个填充颜色值为 RGB（250，251，252）的矩形，用于显示博客内容。为"矩形 1"图层添加"描边"效果，设置大小为"1"像素，不透明度为"45%"，颜色值为 RGB（131，

131，131）。勾选"外发光"复选框，设置混合模式为"正常"，不透明度为"26%"，颜色为黑色到白色的渐变███████，如图6-45所示。

图6-45　绘制博客内容

Step 04 绘制一个纯白色矩形，为其添加图层样式中的"投影"样式，使用默认参数。导入素材库中的"素材—花1.jpg"图片，进行自由变换（按【Ctrl+T】组合键）和移动操作，将该图片置于刚才绘制的矩形中。使用图层控制面板下方的"链接图层"按钮 ⊖ 将这两个图层链接在一起，完成一个带相框的照片。使用相同方法，将素材"素材—花2.jpg"和"素材—花3.jpg"制作成另外两个带相框的照片。制作完成后，使用自由变换工具调整这3张照片的角度和大小，并移动到相关位置，最终效果如图6-46所示。

图6-46　插入图片效果

Step 05 在"博客"矩形和带相框的照片附近添加文字。输入文字"我的博客"和"我的相册"，设置字体为"Adobe黑体Std"，颜色值为RGB（0，85，116），大小为"36点"。输入文字"My Blog"和"My Photo Gallery"，设置字体为"Arial"，颜色为黑色，大小分别为"24点"和"36点"，效果如图6-47所示。

图6-47　文字效果

Step 06 使用"圆角矩形工具"□.绘制一个填充颜色值为RGB（57，87，117），宽为"514像素"，高为"210像素"，圆角半径为"5像素"的圆角矩形，为其添加"混合选项"中的"投影"选项，使用默认参数。绘制一个填充颜色值为RGB（45，135，178），宽为"514像素"，高为"36像素"的矩形，移动矩形，将圆角矩形顶部遮盖。绘制两个填充色为白色的矩形，大小分别为120像素×23像素、486像素×133像素。绘制一个填充颜色值为RGB（151，10，10），宽为"65像素"，高为"30像素"的矩形。制作的消息框效果如图6-48所示。

图6-48　消息框制作效果

Step 07 为上一步制作好的消息框添加文字。输入文字"留言板"，设置字体为"Adobe黑体Std"，大小为"24点"，颜色为白色。输入文字"Message"，设置字体为"Arial"，大小为"18点"，颜色为黑色。输入文字"姓名"，设置字体为"宋体"，大小为"18点"，颜色为白色。输入文字"留言"，设置字体为"宋体"，大小为"14点"，颜色为白色，效果如图6-49所示。

图6-49　消息框添加文字效果

6.3 任务 3 婚纱网站页面设计

6.3.1 引导模式——婚纱网站主页面设计

◆ 1. 任务描述

使用"矩形工具""椭圆选框工具"等，制作一个婚纱网站的主页面设计图。

◆ 2. 能力目标

① 能熟练运用"圆角矩形工具"，制作搜索栏；

② 能熟练运用"铅笔工具"和"橡皮擦工具"，绘制导航栏栏目装饰；

③ 能熟练运用"文字工具"，进行文本排版编辑。

◆ 3. 任务效果图（见图 6-50）

图 6-50 "婚纱网站主页面设计"效果图

◆ 4. 操作步骤

Step 01 新建文件，设置宽度为"980 像素"，高度为"1140 像素"，分辨率为"72 像素 / 英寸"，命名为"婚纱网站主页面设计"。

Step 02 选择工具箱中的"油漆桶工具" ，设置颜色值为 RGB（215，215，215），填充背景图层。选择工具箱中的"矩形工具" 绘制一个矩形，设置宽度为"980 像素"，高度为"852"像素，如图 6-51 所示。

图 6-51 绘制矩形 1

Step 03 将"素材—花纹"图片拖至文件中，调整大小如图 6-52 所示。

图 6-52 花纹效果图

Step 04 选择"图像"→"调整"→"去色"命令，设置图层不透明度为"10%"，图层混合模式为"正片叠底"。将"图层 1"拖至"矩形 1"图层下方，如图 6-53 所示。

图 6-53 调整图层顺序

Step 05 选择工具箱中的"矩形工具" □，绘制一个矩形，设置宽度为"980 像素"，高度为"24 像素"，填充颜色值为 RGB（155，138，63），如图 6-54 所示。

图 6-54 绘制矩形 2

Step 06 打开"素材—Logo"图片，将其拖至文件中，位置如图 6-55 所示。

图 6-55 添加 Logo 后效果

Step 07 选择工具箱中的"文字工具" T.，设置颜色值为 RGB（102，102，102），字体为"幼圆"，大小为"16 点"。分别输入文字"品牌主页""婚纱系列""礼服系列""流行配饰""品牌介绍""新人寄语""联系我们"，并移动到适当位置，注意每个栏目之间的间距要同样大小，如图 6-56 所示。

图 6-56 输入文字后效果

Step 08 新建一个图层，选择"铅笔工具" ✐.，设置颜色为白色，大小为"2"像素，绘制一条直线。选择工具箱中的"橡皮擦工具" ✐.，设置不透明度设为"40%"，将白线两端擦淡，产生渐变感，效果如图 6-57 所示。将线条复制多个，置于每个栏目文字的下方，对导航栏进行修饰。

Step 09 新建一个图层，选择工具箱中的"椭圆选框工具" ○.，设置羽化值为"10"像素，绘制一个圆形，如图 6-58 所示。填充

为白色，按【Ctrl+D】组合键取消选区，按【Ctrl+T】组合键进行自由变换，调整大小如图 6-59 所示。将"图层 4"拖至"品牌主页"文字图层下方，"图层 4"为白色虚圈代表选中状态的栏目。

图 6-57 绘制的渐变线条　图 6-58 绘制圆形选区

图 6-59 调整大小

Step 10 选择工具箱中的"圆角矩形工具" ○.，设置半径为"5"像素，宽度为"470 像素"，高度为"30 像素"，描边颜色值为 RGB（155，138，63），大小为"3 点"，填充为"无"。

Step 11 选择工具箱中的"圆角矩形工具" ○.，设置半径为"5 像素"，宽度为"90 像素"，高度为"30 像素"，填充颜色值为 RGB（155，138，63），绘制一个圆角矩形。

Step 12 在"圆角矩形 2"图层的右键快捷菜单中选择"栅格化图层"命令，选择"矩形选框工具" □.，拉出如图 6-60 所示区域，然后按【Delete】键进行删除，按【Ctrl+D】组合键取消选区，将其拖至如图 6-61 所示位置。

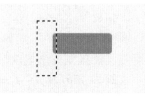

图 6-60 矩形选区

图 6-61 绘制搜索框

Step 13 选择工具箱中"文字工具" T.，设置字体为"华文细黑"，大小为"16 点"，颜色为白色，输入文字"搜索"。

Step 14 选择工具箱中"矩形工具" ⬚.绘制矩形，设置颜色为白色，宽度为"809 像素"，高度为"852 像素"，如图 6-62 所示。

图 6-62　绘制内容框

Step 15 打开"素材—婚纱"图片，将其拖至文件中，摆放位置如图 6-63 所示。

图 6-63　导入婚纱图片

Step 16 选择工具箱中的"矩形工具" ⬚.绘制一个矩形，设置颜色值为 RGB（239，234，212），宽度为"767 像素"，高度为"55像素"，效果如图 6-64 所示。

图 6-64　绘制矩形

Step 17 选择工具箱中的"文字工具" T.，设置字体为"幼圆"，大小为"18 点"，颜色值为 RGB（156，139，64），输入文字"婚纱系列"，位置如图 6-65 所示。

图 6-65　输入文字后的矩形

Step 18 打开"素材—婚纱 2"图片，选择"图像"→"图像大小"命令，将高度改为"254像素"。

Step 19 选择工具箱中的"矩形选框工具" ⬚ ，设置样式为"固定大小"，宽度为"174 像素"，高度为"254 像素"，在画布中选取如图 6-66 所示的选区，选择工具箱中的"移动工具"，将图片拖至文件中，效果如图 6-67 所示。

图 6-66　选取图像选区

图 6-67　复制后的效果

注意：可适当调整选区的位置，使人物在选区的中间。再复制该图层 3 次，摆放位置如图 6-67 所示。

Step 20 选择工具箱中的"文字工具"，输入文字"013 新款婚纱 A"，设置颜色值为 RGB（102，102，102），字体为"宋体"，大小为"12点"，"仿粗体"；输入文字"市场价：￥5000.00"，设置颜色值为RGB（153，153，153），字体为"宋体"，大小为"12点"；输入文字"销售价：￥4500.00"，设置颜色值为RGB（153，153，153），字体为"宋体"，大小为"12点"。复制该文字图层3次，文字摆放位置如图6-68所示。

图6-68 文字排版效果

Step 21 选择工具箱中的"文字工具"，输入文字"关于站点 | 版权声明 | 广告合作 | 网站地图 | 联系我们 | 意见与建议""电话：（051242813921） 传真：（0512-23534063）"，设置字体为"新宋体"，大小为"10点"，颜色值为RGB（17，17，17），图层不透明度为"40%"，置于版面底部中间部分，效果如图6-69所示。

图6-69 婚纱网站主页面最终效果图

5. 技巧点拨

1）网页切片

绘制完成的网页通常需要进行切片之后，才能应用到实际的网页设计与制作中。切片是指使用HTML表或CSS图层将图像划分为若干较小的图像，这些图像可在Web页上重新组合。通过划分图像，可以指定不同的URL链接以创建页面导航，或使用其自身的优化设置对图像的每个部分进行优化。

切片的方法有很多种：可以使用"切片工具"直接在图像上绘制切片线条，还可以使用图层来设计图形，然后基于图层创建切片。最常见的是使用"切片工具"绘制切片。

（1）选择工具箱中的"切片工具" ，任何现有切片都将自动出现在文档窗口中。

（2）选取选项栏中的样式设置 。

- 正常：在拖动时确定切片比例。
- 固定长宽比：设置长宽比。输入整数或小数作为长宽比。例如，若要创建一个宽度是高度两倍的切片，请输入宽度2和高度1。
- 固定大小：指定切片的高度和宽度，需输入整数像素值。

（3）在要创建切片的区域上拖动，按住【Shift】键的同时拖动，可将切片限制为正方形；按住【Alt】键（Windows系统）或【Option】键（MacOS系统）的同时拖动，可从中心开始绘制；选择"视图"→"对齐"命令，可使新切片与参考线或图像中的另一切片对齐。

2）Web图形格式

Web图形格式可以是位图（栅格）或矢量图。位图格式（GIF、JPEG、PNG和WBMP）与分辨率有关，这意味着位图图像的尺寸随显示器分辨率的不同而发生变化，图像品质也可能会发生变化。矢量格式（SVG和SWF）与分辨率无关，可以对图像进行放大或缩小，而不会降低图像品质。矢量格式也可以包含栅格数据。可以选择"文件"→"导出"→"存储为Web和设备所用格式"命令将图像导出为各种不同格式。

项目一

项目二

项目三

项目四

项目五

项目六

项目七

3) 将 HTML 文本添加到切片

当选取"无图像"类型的切片时，可以输入要在所生成 Web 页的切片区域中显示的文本。此文本可以是纯文本或使用标准 HTML 标记格式设置的文本。

Photoshop 必须使用 Web 浏览器来预览文本。确保在不同的操作系统上使用不同的浏览器，利用不同的浏览器设置预览 HTML 文本，文本能在 Web 浏览器上正确显示。

（1）选择一个切片，使用"切片选择工具"双击此切片，显示"切片选项"对话框。可以在"存储为 Web 和设备所用格式"对话框中双击该切片以设置其他格式选项。

（2）在"切片选项"对话框中，在"切片类型"下拉菜单中选择"无图像"选项。

（3）在文本框中输入所需的文本。

4) 内容感知移动工具

"内容感知移动工具"是"内容识别"功能的一个新发展，主要用来移动图片中的景物，并随意放置到合适的位置。对于移动后的空隙位置，Photoshop 将会进行智能修复，是非常智能化的图像处理功能。

（1）打开素材库中的"素材 - 树木"图片文件。

（2）选择工具箱中"内容感知移动工具"，如图 6-70 所示，将画面左侧的树木勾勒出来，如图 6-71 所示。

图 6-70　内容感知移动工具

图 6-71　勾勒树木

（3）若选择选项栏中的"模式"为"移动"，则物体被移至画面另一边时，原先背景处会自动进行修复，如图 6-72 所示。

图 6-72　感知移动后效果

若选择选项栏中的"模式"为"扩展"，则物体被复制到画面另一边，如图 6-73 所示。

图 6-73　感知扩展后效果

（4）在选项栏的"适应"下拉菜单中有"非常严格""严格""中""松散""非常松散" 5 个选项。"非常严格"能够最大程度保持选区内的形状，但边缘较为生硬；"非常松散"能够将选区与边缘衔接得更为柔和，但有可能会使选区内的形状变得不完整；预设为"中"的效果比较恰当，但也因选区大小和选区内容而异。"适应"下拉菜单如图 6-74 所示。

图 6-74　"适应"下拉菜单

6.3.2 应用模式——婚纱网站二级页面设计

● 1. 任务效果图（见图 6-75）

图 6-75 "婚纱网站二级页面设计"效果图

● 2. 关键步骤

Step 01 选择工具箱中的"矩形工具"□.，绘制一个矩形框，设置颜色值为 RGB（240，235，228），宽度为"790 像素"，高度为"48 像素"，如图 6-76 所示。

图 6-76 绘制矩形框

Step 02 在矩形框下面绘制一条直线，设置颜色值为 RGB（192，188，137）。打开"素材—婚纱人物"图片，按【Ctrl+T】组合键调整大小，如图 6-77 所示。

Step 03 选择工具箱中的"矩形工具"□.，绘制一些装饰的色块，色块的大小不要完全一致，否则会显得比较呆板。颜色尽量选取图片中已有的、比较淡雅的颜色，过深的色彩会破坏页面高贵典雅的感觉，如图 6-78 所示。

图 6-77 绘制直线

图 6-78 绘制页面的装饰色块

Step 04 输入相关文字，效果如图 6-79 所示。

图 6-79 添加文字效果

6.4　任务 4　网站动态效果制作

6.4.1　引导模式——霓虹闪烁效果

➲ 1. 任务描述

使用"图层组工具"、"收缩"命令、"时间轴"面板等，制作一个霓虹灯闪烁的效果。

➲ 2. 能力目标

① 能熟练运用"图层组工具"，进行字母图层的分组操作；

② 能熟练运用"选区"选取快捷方式，"收缩"命令、"填充"命令，制作灯管发光效果；

③ 能熟练运用"时间轴"面板，进行动画关键帧、过渡帧的制作，制作出动画效果。

➲ 3. 任务效果图（见图 6-80）

图 6-80　"霓虹闪烁效果"效果图

➲ 4. 操作步骤

Step 01 新建文件，设置宽度为"800 像素"，高度为"600 像素"，分辨率为"72 像素 / 英寸"，颜色模式为"RGB 颜色"，"8 位"，背景内容为"白色"，命名为"霓虹灯闪烁效果"。

Step 02 新建"图层 1"，选择工具箱中的"油漆桶工具"，为该图层填充黑色。选择工具箱中的"横排文字工具"T，在图像中单击，输入大写字母"P"，在其选项栏中设置字体为"华文彩云"，大小为"170 点"，颜色为白色，如图 6-81 所示。单击选项栏最右侧的"切换字符和段落面板"按钮，在字符面板中选择"仿粗体"。

Step 03 使用同样方法单独输入其余字母"H""O""T""O"，图层控制面板如图 6-82 所示。

图 6-81　"横排文字工具"选项栏

图 6-82　输入字母后的图层控制面板

注意：输入一个字母后要确认一下，再输入下一个字母，不要把字母输入在一个图层中。

Step 04 按住【Shift】键的同时选中所有字母图层，选择工具箱中的"移动工具"，单击其选项栏中的"垂直居中对齐"按钮和"水平居中分布"按钮，如图 6-83 所示，使所有字母排列整齐，然后将字母拖至画面居中的位置，效果如图 6-84 所示。

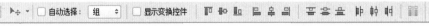

图 6-83　移动工具的选项栏

图 6-84　排列后的字母

Step 05 选择字母"P"所在的图层，选择"滤镜"→"模糊"→"高斯模糊"命令，出现如图 6-85 所示的对话框，单击"栅格化"按钮。出现"高斯模糊"对话框，设置半径为"1.0"像素，如图 6-86 所示。依次选中其余字母图层，按【Ctrl+Alt+F】组合键将该效果添加到其他字母上。

图 6-85　删格化图层

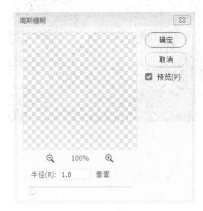

图 6-86　"高斯模糊"设置

Step 06 选择字母"P"所在的图层，选择"滤镜"→"锐化"→"USM 锐化"命令，设置数量为"50%"，半径为"2.6"像素，阈值为"0"色阶。依次选中其余字母图层，按【Ctrl+Alt+F】组合键将该效果添加到其他字母。

Step 07 单击图层控制面板下方的"创建新组"按钮▢，创建"组 1"，单击字母"P"图层并按住不放将其拖至"组 1"下面。使用同样的方法新建组并将其余字母图层分别拖到不同的组中，如图 6-87 所示。

图 6-87　创建组后的图层控制面板

Step 08 制作灯管部分。选择字母"P"所在的图层，按住【Ctrl】键的同时单击该图层缩略图获得字母选区。选择"选择"→"修改"→"收缩"命令，设置收缩量为"3"像素，如图 6-88 所示。

图 6-88　收缩选区

Step 09 新建"图层 2"并填充为白色，按【Ctrl+D】组合键取消选区，图层控制面板如图 6-89 所示。使用同样的方法依次选择其余字母图层并制作，得到"图层 3""图层 4""图层 5""图层 6"，完成后的效果如图 6-90 所示。

注意：填充时可以隐藏字母"P"图层，方便查看填充效果。

图 6-89　制作灯管填充

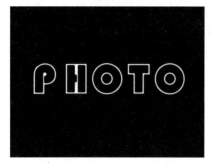

图 6-90　填充后效果（字母图层都隐藏）

Step 10 在图层控制面板中双击"图层 2"的缩略图，为其添加图层样式，勾选"斜面和浮雕"复选框，设置大小为"0"像素，软化为"1"像素，其余为默认值；勾选"内阴影"，设置不透明度为"85%"，其余为默认值，如图 6-91 和图 6-92 所示。

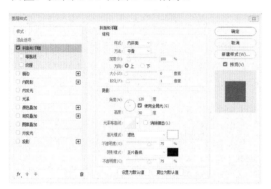

图 6-91　"斜面和浮雕"设置

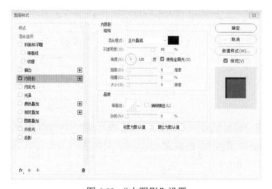

图 6-92　"内阴影"设置

Step 11 在图层控制面板中右击"图层 2"，在弹出的快捷菜单中选择"拷贝图层样式"命令，分别选择"图层 3""图层 4""图层 5""图层 6"，并分别右击图层，在弹出的快捷菜单中选择"粘贴图层样式"命令，将图层样式进行复制，效果如图 6-93 所示。

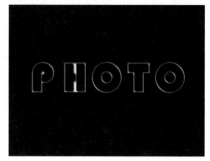

图 6-93　添加图层样式后效果

Step 12 选择"图层 2"图层，按住【Ctrl】键的同时单击该图层缩略图，获得字母选区，选择"选择"→"修改"→"收缩"命令，设置收缩量为"2"像素。新建"图层 7"并填充为白色，按【Ctrl+D】组合键取消选区。依次选择"图层 3""图层 4""图层 5""图层 6"，使用同样的方法进行制作，最后得到"图层 8""图层 9""图层 10""图层 11"，完成后效果如图 6-94 所示。

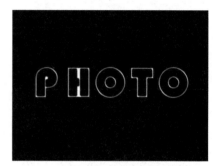

图 6-94　再一次收缩填充后效果

Step 13 选择"图层 2"图层，按住【Ctrl】键的同时单击该图层缩略图，获得文字选区。新建"图层 12"，设置前景色值为 RGB（0，72，255），进行填充，按【Ctrl+D】组合键取消选区。选择"滤镜"→"模糊"→"高斯模糊"命令，在弹出的对话框中设置半径为"3.0"像素，图层控制面板如图 6-95 所示。使用同样的方法依次制作剩余的字母，字母"P"和最后一个字母"O"的颜色值为 RGB（0，72，255），字母"H"和字母"T"的颜色值为 RGB（168，0，255），中间的字母"O"的颜色值为 RGB（202，0，76），效果如图 6-96 所示。

图 6-95　添加"图层 12"后的图层控制面板

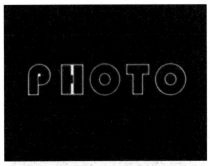

图 6-96　添加色彩后效果

图 6-97　字图层填色

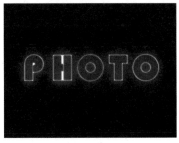

图 6-98　增强发光效果

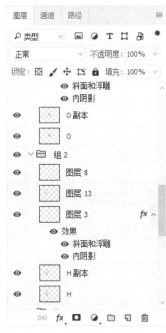

图 6-99　增强发光效果后图层控制面板

Step 14 将所有字母图层取消隐藏。在图层控制面板中选择"P"图层，按住【Ctrl】键的同时单击该图层缩略图，获得文字选区，填充颜色值为 RGB（0，72，255）。按【Ctrl+D】组合键取消选区。选择"滤镜"→"模糊"→"高斯模糊"命令，在"高斯模糊"对话框中设置半径为"20"像素。使用同样的方法用前面对应字母的颜色制作剩余的字母图层，完成后的效果如图 6-97 所示。

注意：一定要先选中字母图层，再去选中选区，然后进行填色操作，取消选区后再进行高斯模糊。

Step 15 依次复制字母图层设置增强发光效果，如图 6-98 所示。图层控制面板如图 6-99 所示。

Step 16 选择工具箱中"矩形选框工具"，在字体周围绘制矩形选区，如图 6-100 所示。

图 6-100　绘制矩形选区

Step 17 选择工具箱中的"画笔工具"，在其选项栏中单击"切换画笔设置面板"按钮 ☑，画笔笔尖形状中选择"画笔 95"，设置大小为"23 像素"，角度为"-67°"，间距为"180%"。勾选"形状动态"复选框，将"角度抖动"中的控制改为"方向"选项，其余设置如图 6-101 和图 6-102 所示。

图 6-101　画笔笔尖

图 6-102　画笔形状动态

Step 18 在路径控制面板中，单击下方的"从选区生成工作路径"按钮 ◇，将选区变成路径，如图 6-103 所示。

图 6-103　路径控制面板

Step 19 在图层控制面板中选择"图层 1"，然后新建"图层 17"，切换到路径控制面板，设置前景色值为 RGB（255，120，0），右击工作路径，在弹出的快捷菜单中选择"描边路径"命令，选择工具为"画笔"。重复描边路径 3 次以达到满意的效果，如图 6-104 所示。

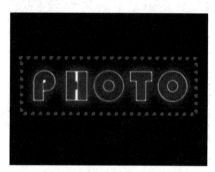

图 6-104　路径描边效果

Step 20 复制"图层 17"得到"图层 17 拷贝"，按住【Ctrl】键的同时单击该图层缩略图，获得边框选区。选择"选择"→"修改"→"收缩"命令，设置收缩量为"3"像素。新建"图层 18"并填充为白色。按【Ctrl+D】组合键取消选区。

注意：收缩的时候若出现警告提示，单击"确定"按钮即可。

Step 21 同时选中"图层 17"和"图层 17 拷贝"图层，选择"图层"→"合并图层"命令，合并为"图层 17 拷贝"。选择"滤镜"→"模糊"→"高斯模糊"命令，在弹出的"高斯模糊"对话框中设置半径为"5"像素。双击"图层 18"图层，添加图层样式，勾选"斜面和浮雕"和"等高线"复选框，设置大小为"5"

项目一　项目二　项目三　项目四　项目五　项目六　项目七

像素，软化为"1"像素。勾选"投影"复选框，图层控制面板如图 6-105 所示。

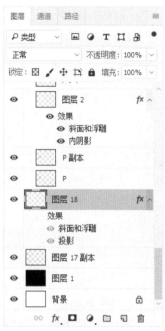

图 6-105　添加边框后的图层控制面板

Step 22 选择"窗口"→"时间轴"命令，保持"图层 18""图层 7""图层 8""图层 9""图层 10""图层 11"为打开状态，其余图层均为隐藏状态，效果如图 6-106 所示。

Step 23 在时间轴面板下方单击"复制所选帧"按钮 ，获得新的一帧。如果没有，可以单击时间轴面板左下角的"转换为帧"按钮 ，在图层控制面板中打开与字母"P"

霓虹效果相关的图层（即组 1 中的所有图层），单击"过渡动画帧"按钮 ，弹出如图 6-107 所示的对话框，保持默认值并单击"确定"按钮。

图 6-106　打开部分图层

图 6-107　打开过渡动画帧

Step 24 使用同样的方法打开相应字母图层及发光的边框，新建多个过渡帧，最终得到 34 帧。单击"播放动画"按钮 即可观看动画效果。动画时间轴面板如图 6-108 所示。

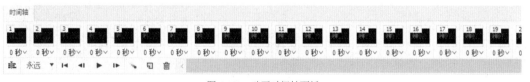

图 6-108　动画时间轴面板

Step 25 选择"文件"→"储存为 web 所用格式"命令，选择储存路径，保存为 GIF 格式文件。

5. 技巧点拨

1）时间轴

利用图层，配合 Photoshop 中的时间轴面板，可以制作一些小型的动画。Photoshop 软件中制作动画的版本有两种，一种是本书

采用的简化版，只有制作帧动画的时间轴面板；还有一种是完整版，有视频时间轴面板。一般来说，帧数少的动画选择帧动画面板处理比较合理，而像帧数多、变换复杂的各种视频文件等则采用视频时间轴面板处理更加方便快捷。

（1）新建文档，填充任意底色，随意输入一些字母，如图 6-109 所示。

项目一

项目二

项目三

项目四

项目五

项目六

项目七

图 6-109　添加任意字母

（2）选择"窗口"→"时间轴"命令，如图 6-110 所示。打开时间轴面板，如图 6-111 所示。

图 6-110　"时间轴"命令

图 6-111　时间轴面板

（3）在面板中可以复制所选帧、设置延迟时间、观看动画效果等。如图 6-112 所示为添加复制帧后的时间轴面板。

图 6-112　复制帧后的时间轴面板

（4）单击时间轴面板下方的"过渡动画帧"按钮，可以选择"过渡方式"，此外还可以修改"要添加的帧数""图层""参数"。如图 6-113 所示是添加过渡帧后的时间轴面板。

图 6-113　添加过渡帧后的时间轴面板

（5）选中任意一帧，单击右下角的箭头可调出如图 6-114 所示的菜单，可对当前帧数的延迟时间进行设置。选择"其他"选项会弹出如图 6-115 所示的对话框，可自定义延迟时间的长短。

图 6-114　设置延迟时间　图 6-115　"设置帧延迟"对话框

（6）在面板中还可以设置该动画的循环次数，如图 6-116 所示。选择"其他"选项也可以自定义循环次数，如图 6-117 所示。

图 6-116　设置循环次数　图 6-117　"设置循环次数"对话框

（7）在时间轴面板右侧可以看到箭头标识，单击即可打开如图 6-118 所示的菜单，可对当前动画效果进行多项设置。

图 6-118　设置动画效果

6.4.2　应用模式——下雪纷纷效果

◯ 1. 任务效果图（见图6-119）

图6-119　"下雪纷纷效果"效果图

◯ 2. 关键步骤

Step 01 打开素材库中的"素材—雪景"图片，按【Ctrl+J】组合键复制图层为"图层1"。选择"滤镜"→"像素化"→"点状化"命令，设置单元格大小为"3"，如图6-120所示。

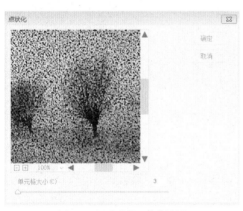

图6-120　"点状化"参数设置

Step 02 选择"图像"→"调整"→"阈值"命令，设置阈值色阶为"255"，设置"图层1"的图层混合模式为"滤色"，效果如图6-121所示。

Step 03 选择"滤镜"→"模糊"→"动感模糊"命令，打开如图6-122所示的对话框，设置角度为"50"度，距离为"4"像素。

注意：角度决定了雪花下落的方向，距离决定了雪花的大小。如果距离很大，就成了下雨效果。

图6-121　设置图层混合模式后效果

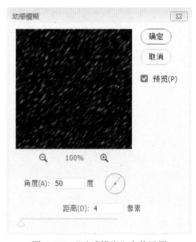

图6-122　"动感模糊"参数设置

Step 04 按【Ctrl+T】组合键缩放该图层，按【Shift】键进行等比缩放，大小如图6-123所示。

Step 05 选择"窗口"→"时间轴"命令，在时间轴面板下方单击"复制所选帧"按钮获得新的一帧。选择工具箱中的"移动工具"，将刚才放大的画面的右上角移动到原画面右上角进行对齐。然后单击"过渡动画帧"按钮，在弹出的菜单中设置过渡方式为"上一帧"，要添加的帧数为"6"，如图6-124所示。

图 6-123 放大雪景图层

图 6-124 过渡动画帧设置

6.5 任务 5 网页设计之流行元素

6.5.1 引导模式——极简风格主页设计

➲ 1. 任务描述

利用"参考线""渐变叠加""图层样式"等命令，设计制作极简风格的网页主页。

➲ 2. 能力目标

① 能熟练运用"参考线"对画面元素进行布局；

② 能熟练运用"渐变叠加"中的角度渐变完成圆形元素的放射性效果；

③ 能熟练运用"图层样式"及拷贝样式功能完成效果的复制。

➲ 3. 任务效果图（见图 6-125）

图 6-125 "极简风格主页设计"效果图

➲ 4. 操作步骤

Step 01 打开"新建文档"对话框，设置名称为"极简风格主页"，宽度为"1334 像素"，高度为"750 像素"，分辨率为"72 像素 / 英寸"。

Step 02 选择"视图"→"新建参考线版面"命令，在如图 6-126 所示的"新建参考线版面"对话框中设置列数字为"6"，行数数字为"4"，装订线均为"0 厘米"，此时画布中出现如图 6-127 所示的参考线。

图 6-126 新建参考版面设置

图 6-127 版面参考线

Step 03 选择工具箱中的"椭圆工具" ○.，然后按住【Shift】键的同时，用鼠标拖曳出一个正圆形，使其圆心放置于 A 点，且边缘与 B 点相切，圆形为任意颜色，如图 6-128 所示。

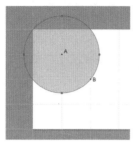

图 6-128　绘制第 1 个圆形

Step 04 使用同样的方法绘制剩余的 5 个圆形。为了方便看清每个圆形的位置，可将它们的图层不透明度设置为"80%"。这 5 个圆形的位置与效果如图 6-129 所示。

图 6-129　剩余 5 个圆形的位置与效果

Step 05 隐藏刚才绘制的 5 个圆形，仅保留第 1 个圆形，双击该图层弹出"图层样式"对话框，勾选"渐变叠加"复选框，打开"渐变叠加"对话框，单击其中的"点按可编辑渐变"按钮，在弹出的"渐变编辑器"对话框中，将左侧色标值改为 RGB（204，204，204），右侧色标值改为 RGB（255，255，255），设置样式为"角度"，角度为"-40"度，勾选"反向"复选框，如图 6-130 所示。此时画面中圆形的渐变效果如图 6-131 所示。注意：若渐变叠加中渐变角度线不在如图 6-131 所示位置时，可单击该线并按住鼠标拖动至此位置。

Step 06 在图层控制面板中右击该圆形所在的图层，在弹出的快捷菜单中选择"拷贝图层样式"命令，然后选中第一行中间的圆形所在的图层，右击该图层，在弹出的快捷菜单中选择"粘贴图层样式"命令，如图 6-132 所示。使用同样的方法将图层样式粘贴至第一行最右边的圆形上，在其"渐变叠加"设置中将角度改为"-140"度。使用同样的方法将第二行最左边的圆形角度改为"40"度，第二行中间和最右边的圆形角度改为"140度"，效果如图 6-133 所示。

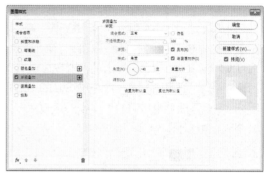

图 6-130　渐变叠加设置

图 6-131　圆形的渐变效果

图 6-132　"粘贴图层样式"命令

图 6-133　所有圆形添加渐变叠加后效果

Step 07 选中"椭圆 1"图层，在图层控制面板中单击"添加图层蒙版" ◻ 按钮，然后选中该图层的图层蒙版，如图 6-134 所示。

项目一

项目二

项目三

项目四

项目五

项目六

项目七

图 6-134　选中"椭圆 1"图层的图层蒙版

Step 08 选择工具箱中的"渐变工具" ▣.，在选项栏中单击"径向渐变"按钮 ▣，单击"点按可编辑渐变"按钮，在弹出的"渐变编辑器"对话框中，选择第一行第一个渐变，如图 6-135 所示。在选项栏中勾选"反向"复选框，如图 6-136 所示。

图 6-135　选择"前景色到背景色渐变"

图 6-136　勾选"反向"复选框

Step 09 然后用鼠标从如图 6-137 所示的 A 点（圆心）到 B 点（边缘）拉一条线，效果如图 6-138 所示。使用同样的方法绘制其他圆形，得到如图 6-139 所示的效果。

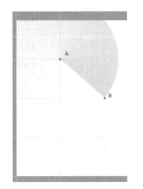

图 6-137　在图层蒙版中绘制渐变

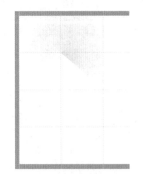

图 6-138　添加渐变后的圆形效果

Step 10 在"背景"图层上方，新建一个图层为"图层 1"，选择工具箱中的"渐变

工具" ▣.，单击"点按可编辑渐变"按钮，在弹出的"渐变编辑器"对话框中，选择第一行最后一个渐变"橙，黄，橙渐变"，将左侧色标值和右侧色标值改为 RGB（153，153，153），中间色标值改为 RGB（204，204，204），如图 6-140 所示。

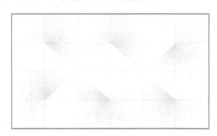

图 6-139　为所有圆形添加渐变后的效果

图 6-140　修改渐变色标值

Step 11 在选项栏中单击"线性渐变"按钮 回，然后在画布上从上至下拉一条如图6-141所示的直线，此时画面效果如图6-142所示。

图6-141　在画布上拉一条垂直线

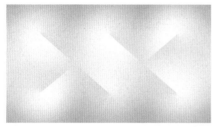

图6-142　画面整体添加灰色渐变后的效果

Step 12 选择工具箱中的"横排文字工具" T.，在画面中输入英文"CREATIVE design"，设置字体为"Impact"，大小为"60点"，文字"CREATIVE"的颜色值为RGB（255，255，255），文字"design"的颜色值为（222，220，220），位置如图6-143所示。

图6-143　添加网站名称后效果

Step 13 选择工具箱中的"横排文字工具" T.，在画面中输入英文"Proudly designed for everyday living."，设置字体为"Arial"，大小为"14点"，颜色值为RGB（255，255，255）。选择工具箱中的"横排文字工具" T.，在画面中输入英文"Menu"，设置字体为"Arial"，大小为"18点"，颜色值为RGB（255，255，255）。在选项栏中单击"切换文本取向"按钮 ⊞，将文字变为竖排，文字位置如图6-144所示。

图6-144　添加文字

Step 14 选择工具箱中的"直线工具" /.，设置W为"1"像素，H为"45"像素，颜色值为RGB（255，255，255），位置如图6-145所示。

图6-145　直线位置

5. 极简主义设计介绍

极简主义是一种极力追求简约的设计理念。在信息爆炸的现代社会，充斥着各种视觉元素，如何让信息更为有效、直接、快速地传达给用户，正是极简主义设计所探讨的。其中最为大家津津乐道的例子，便是耳熟能详的日本品牌无印良品MUJI的宣传海报，如图6-146所示，海报中的元素非常少，构成形式也非常简单，大量的留白暗示着无印良品简约、质朴、回归大自然的理念，也是禅宗美学的典型代表。

图6-146　无印良品海报

这种理性而实用、简约又易懂的设计风格越来越受到大众的青睐，被各大商家及消费者所认同，许多企业纷纷将Logo进行极简主义的设计，如图6-147所示，星巴克的Logo从最初复杂而写实的图案转变为如今扁平化而清晰的图形。

图 6-147　星巴克 Logo 的变化

如何进行极简主义设计，方法有很多，例如采用大量的留白来营造视觉焦点，如图 6-148 所示；简化配色来传达简洁感和整体感，如图 6-149 所示；合理运用较少的字体并保证易读性，如图 6-150 所示；合理运用摄影与图形来创造视觉元素，吸引观众，如图 6-151 所示。除此之外，还要保证版面中元素的整体性与统一性，设计师始终要秉承突出主题的设计思路，任何设计都是为内容服务的。

图 6-149　简化配色

图 6-148　留白设计

图 6-150　合理运用字体

图 6-151　合理运用摄影和图形

6.5.2　应用模式——极简风格二级页面设计

➋ 1. 任务效果图（见图 6-152）

图 6-152　"极简风格二级页面设计"效果图

➋ 2. 关键步骤

Step 01 打开"新建文档"对话框，设置名

称为"极简风格二级页面"，宽度为"1200像素"，高度为"900 像素"，分辨率为"72像素 / 英寸"。

Step 02 然后选择工具箱中的"矩形选框工具"，在画布上绘制一个如图 6-153 所示的长方形。选择工具箱中的"渐变工具"，选择黑白渐变，从上至下拉一条垂直线，形成如图 6-154 所示的渐变效果。

Step 03 选择"滤镜"→"滤镜库"命令，在弹出的对话框中选择"艺术效果"中的"海报边缘"，设置边缘厚度为"7"，边缘强度为"7"，海报化为"2"，如图 6-155所示。

图 6-153　绘制长方形

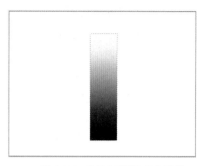

图 6-154　为长方形添加黑白渐变

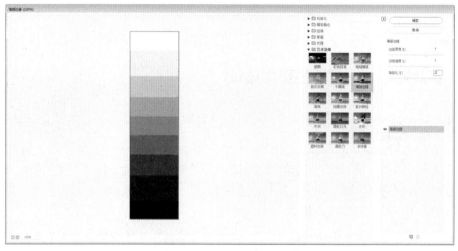

图 6-155　"海报边缘"参数设置

Step 04 选择"编辑"→"定义画笔预设"命令，在弹出的如图 6-156 所示的对话框中输入"brush00"，将刚才绘制的图形设置为自定义的画笔。然后关闭该图层，并新建一个图层，选择深浅不一的灰色在画布上多次进行绘制。为了增加画面的层次感，可将画笔的不透明度进行适当调整。绘制后的效果如图 6-157 所示。

图 6-156　设置自定义画笔

Step 05 选择"滤镜"→"模糊"→"动感

模糊"命令，在弹出的如图 6-158 所示的对话框中设置角度为"90"度，距离为"278"像素，画面效果如图 6-159 所示。

图 6-158　"动感模糊"设置

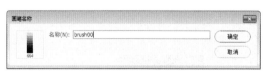

图 6-157　画笔绘制后的效果

图 6-159　添加"动感模糊"后效果

Step 06 按【Ctrl+T】组合键，对背景进行透视调整，以增强画面的空间感，如图 6-160 所示，然后调整图层的不透明度为 "40%"。

图 6-160　对背景进行透视调整

6.6 实践模式——微博主页面设计

相关素材

制作要求：参考如图 6-161 所示的效果图制作一个微博主页面。注意色彩的搭配合理，结构稳重协调、比例得当，图片鲜明，导航位置易于用户操作等。为此微博设计一个主题鲜明的 Logo，注意色彩的统一与字体的和谐。

注意：不要忘记在页面中保留版权信息、ICP 备案信息、最佳浏览分辨率等信息。

图 6-161　微博主页面参考效果图

知识扩展

⊙ 1. 网页美工设计的主要内容

（1）图形设计：包括网页的版式、导航栏、按钮、对话框、图标、背景等网页界面设计元素，如图 6-162 至图 6-166 所示。

图 6-162　网页版式设计 1

图 6-163　网页版式设计 2

图 6-165　导航栏设计 1

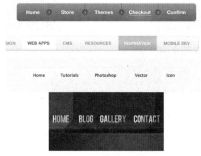

图 6-166　导航栏设计 2

（2）交互设计：主要是设计网页的操作流程、框架结构、操作规范等，着重在于人机界面的互动关系，如图 6-167 所示，确定交互模式与交互规则。

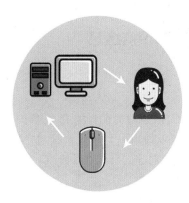

图 6-167　人机界面互动关系

（3）用户反馈：采用测试的手段进行用户体验问卷搜集，以便于测试网页界面交互设计的合理性及界面设计的美观性。

BBS 即电子公告板，是一种电子信息服务系统。它向用户提供了一块公共电子白板，每个用户都可以在上面发布信息或提出看法。早期的 BBS 由教育机构或研究机构管理，如今多数网站上都建立了自己的 BBS 系统，使

图 6-164　网页版式设计 3

项目一

项目二

项目三

项目四

项目五

项目六

项目七

得网民可以通过网络来结交更多的朋友，表达更多的想法。

➋ 2. 网页设计的三大设计要点：交互性、整体风格和色彩搭配

1）易用性和交互体验

现在用户界面（UI）的概念在网页设计中越来越被重视并引起了学术界的广泛研究。一个好的网页，不但要有吸引人的构思和色彩，更重要的是在其功能上，要使用户对网站的目的、重点及所有重要功能一目了然。并且通常情况下，在网站中加入用户交互性的互动体验往往会比单纯的静态网页更能给人留下深刻的印象。

2）确定网站的整体风格

（1）将网站 Logo 尽可能放在每个页面上最突出的位置。

（2）突出网站的标准色彩。

（3）总结一句能反映网站精髓的宣传标语。

（4）相同类型的图像采用相同效果，比如说标题字都采用阴影效果，那么在网站中出现的所有标题字的阴影效果的设置应该是完全一致的。

3）网页色彩的搭配

（1）用一种色彩。这里是指先选定一种色彩，然后调整透明度或者饱和度，这样使页面看起来色彩统一，有层次感。

（2）用两种色彩。先选定一种色彩，然后选择它的对比色。

（3）用一个色系。简单地说就是用一个感觉的色彩，如淡蓝、淡黄、淡绿，或者土黄、土灰、土蓝。

在网页配色中，还要切记一些误区。

- 不要将所有颜色都用到，尽量控制在 3 ～ 5 种色彩以内；
- 背景和前文的对比过小，无法突出主要文字内容。

除了以上网页的通用设计要点，还要注意 BBS 的特点。

（1）突出有用信息。BBS 的主要功能是用户交流，所以页面尽可能简洁、整齐，便于用户浏览。

（2）注意字体设置。BBS 页面中，文字是主要的表现形式，所以要对不同位置、用途的字体设计相应的大小和色彩，这样的设计能够帮助用户更快捷地找到所需的内容。

6.7　知识点练习

一、填空题

1. 在_____对话框中，可设定图像的高度和宽度、图像的色彩模式、图像的分辨率。

2. 可以使用_____工具对"自定形状工具"画出对象的形状进行修改。

3. 图像分为_____和_____两种类型。

二、选择题

1. 如图 6-168 所示，在将一个图层应用到新背景上时，会发现对象的周围有虚边出现。在没有合并图层前，图 A 到图 B 的变化是通过（　　）命令完成的。

A. 选择→修改→收缩

B. 图层→修边→去边

C. 选择→修改→边界

D. 选择→修改→平滑

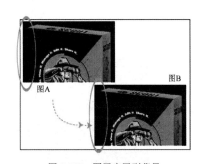

图 6-168　图层应用到背景

2. 使用"调整边缘"命令时，如果需要调整边缘的选区边界的大小，应该设置的参数是（　　）。

A. 平滑　　　　　　B. 半径

C. 羽化　　　　　　D. 对比度

3. 要在不弹出对话框的情况下，创建一个新的图层，可以按哪个组合键？（　　）

A. 【Ctrl+Shift+N】

B. 【Ctrl+Alt+N】

C. 【Ctrl+Alt+Shift+N】

D. 【Ctrl+N】

4. 如图 6-169 所示，利用"形状工具"绘制的形状图层，A、B、C、D 为 4 个设置选项，以下说法不正确的是（　　）。

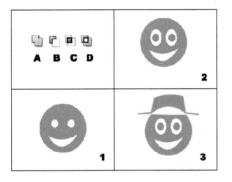

图 6-169　绘制形状图层

A. 图 1 在圆形的基础上绘制瞳孔和嘴，选择了 B 选项

B. 图 2 在瞳孔外围用"椭圆工具"绘制眼睛，选择了 C 选项

C. 图 2 在瞳孔外围用"椭圆工具"绘制

眼睛，选择了 D 选项

D. 图 3 在头顶用"钢笔工具"绘制饰物图形，选择了 D 选项

5. 在 Photoshop 中移动图层中的图像时，如果每次要移动 10 个像素的距离，应该按住（　　）键的同时连续按键盘上的方向键。

A. 【Alt】　　　　B. 【Ctrl】

C. 【Shift】　　　D. 【Tab】

三、判断题

1. 在图像所有图层都显示的状态下，通过按【Alt】键并单击该图层旁的眼睛图标，可以只显示当前图层。　　　　（　　）

2. 图层组中的各个图层可以分别复制到其他文件中，但图层组不能被整个复制。
　　　　　　　　　　　　　　（　　）

3. "自定形状工具"画出的对象会以一个新图层的形式出现。　　（　　）

4. 背景图层是不能改变图层的不透明度的。　　　　　　　　　　（　　）

5. 在 Photoshop 中使用"形状工具"可以通过改变形状的节点来改变形状的外形，从而使工作更灵活。　　　　　（　　）

项目一

项目二

项目三

项目四

项目五

项目六

项目七

项目七 产品界面设计

产品界面是产品与人们之间互动的媒介，既要美观又要便于操作，还要结合图形、版面等相关设计原理，方便人们的使用。随着信息技术的发展，人们的生活越来越离不开各种电子、数码产品的使用，产品界面的设计和开发成为各国企业最为活跃的研究方向之一。

7.1 任务 1 播放器界面设计

7.1.1 引导模式——经典型音乐播放器界面设计

● 1. 任务描述

利用"画笔工具"、"图层混合模式"等命令，制作一款简洁时尚的音乐播放器界面。

● 2. 能力目标

① 能熟练运用"画笔工具"绘制界面；
② 能熟练运用"铅笔工具"绘制高光效果；
③ 能熟练运用"图层混合模式"制作立体效果；
④ 能运用"自定形状工具"进行按键标记的制作。

● 3. 任务效果图（见图 7-1）

图 7-1 "经典型音乐播放器界面设计"效果图

● 4. 操作步骤

Step 01 新建文件，命名为"经典型音乐播放器"，设置宽度为"600 像素"，高度为"400 像素"，分辨率为"72 像素 / 英寸"，颜色模式为"RGB 颜色"。

Step 02 选择工具箱中的"渐变工具"，在选项栏中单击"径向渐变"按钮□，在"渐变编辑器"对话框中设置左侧色标值为 RGB（94，108，120），右侧色标值为 RGB（32，40，42）。从画面中心向右上角拉一条斜线，进行渐变填充，效果如图 7-2 所示。

图 7-2 渐变填充后效果

Step 03 复制背景图层为"背景拷贝"。选择"滤镜"→"杂色"→"添加杂色"命令，在"添加杂色"对话框中设置数量为"5%"，分布为"平均分布"，勾选"单色"复选框，如图 7-3 所示。在图层控制面板中，设置图层的不透明度为"30%"。

Step 04 单击工具箱中的"矩形工具"并长按鼠标，弹出如图 7-4 所示的菜单。选择"圆角矩形工具"□，在选项栏中设置半径为"5像素"，如图 7-5 所示。在画面上绘制如图 7-6所示的矩形，成为"圆角矩形 1"图层。

Step 05 在图层控制面板中，右击该图层，在弹出的快捷菜单中选择"混合选项"命令，打开"图层样式"对话框，勾选"内阴影"复选框，设置混合模式为"正常"，颜色为白色，不透明度为"37%"，距离为"0"像素，阻塞为"100%"，大小为"1"像素，如图7-7所示。勾选"渐变叠加"复选框，设置"渐变编辑器"对话框中左、中、右3个色标值分别为RGB（58，70，79）、RGB（26，28，30）、RGB（65，81，93）。勾选"描边"复选框，设置大小为"1"像素，颜色值为RGB（25，25，25），如图7-8所示，效果如图7-9所示。

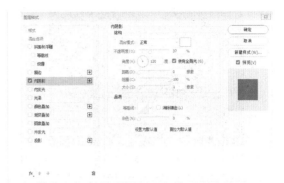

图7-7　"内阴影"设置

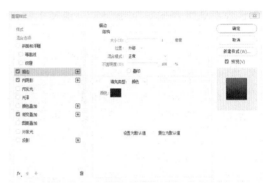

图7-8　"描边"设置

图7-3　"添加杂色"设置

图7-4　选择"圆角矩形工具"

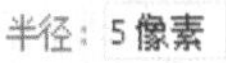

半径：5像素

图7-5　"半径"设置

图7-6　矩形绘制

图7-9　添加图层样式后效果

Step 06 创建新图层为"图层1"，选择工具箱中的"画笔工具"并长按鼠标，弹出如图7-10所示的菜单。选择"铅笔工具"，设置颜色为白色，在矩形周围画4条直线，选择工具箱中"橡皮擦工具"，设置主直径大一些，在选项栏中设置不透明度为"80%"，擦除每条线的两端，获得柔和的过渡效果，如图7-11所示。

图7-10　选择"铅笔工具"

图 7-11　添加线条后效果

Step 07 创建新图层为"图层 2"。按住【Ctrl】键不放，单击"圆角矩形 1"图层缩略图获得选区，如图 7-12 所示。选择工具箱中"矩形选框工具"[]，在选项栏中单击"从选区减去"按钮，用鼠标在画面上拉出一个框，保留选区左边一部分，如图 7-13 所示。选择工具箱中"油漆桶工具"，设置前景色为 RGB（54，66，74）进行填充。按【Ctrl+D】组合键取消选择。在"图层样式"对话框中勾选"图案叠加"复选框，设置混合模式为"变暗"，在"图案"下拉菜单中选择追加菜单→"图案"选项，单击"追加"按钮，然后选择"鱼眼棋盘"图案，设置缩放为"12%"，如图 7-14 所示。

图 7-12　选区选择

图 7-13　从选区减去后效果

Step 08 创建新图层为"图层 3"，选择"铅笔工具"，设置前景色为白色，在"图层 2"矩形左右两侧各画两条直线，如图 7-15 所示。

选择工具箱中"橡皮擦工具"，在选项栏中设置不透明度为"80%"，擦除每条线的两端，获得柔和的过渡效果。在图层控制面板中，设置该图层的不透明度为"70%"。选择"图层"→"向下合并"命令，或按【Ctrl+E】组合键，将"图层 3"和"图层 2"合并成一个图层"图层 2"。

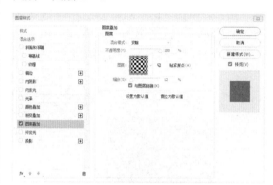

图 7-14　"图案叠加"设置

图 7-15　绘制线条后效果

Step 09 复制当前"图层 2"成为"图层 2 拷贝"，选择"编辑"→"变换"→"水平翻转"命令，使用"移动工具"将其拖至界面最右边，效果如图 7-16 所示。

图 7-16　图层复制后效果

Step 10 选择工具箱中的"圆角矩形工具"，设置半径为"2 像素"，在界面右上方绘制一个小按钮，成为"圆角矩形 2"，填充白色。在"图层样式"对话框中勾选"投影"复选框，设置混合模式为"正常"，颜色为白色，不透明度为"10%"，角度为"120"度，距离为"0"像素，扩展为"100%"，大小为"2"像素，如图7-17所示。勾选"内阴影"复选框，设置混合模式为"正常"，颜色为白色，不透明度为"58%"，角度为"90度"，取消选择"使用全局光"复选框，设置距离为"1"像素，阻塞为"100%"，大小为"0"像素。勾选"渐变叠加"复选框，设置"渐变编辑器"中左、中、右3个色标值分别为RGB（135，153，171）、RGB（72，86，100）、RGB（135，153，171）。勾选"描边"复选框，设置大小为"1"像素，颜色值为RGB（56，66，81）。效果如图7-18所示。

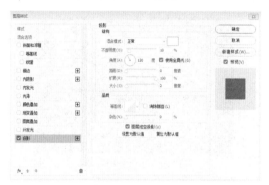

图7-17 "投影"设置

图7-18 添加小按钮后效果

Step 11 选择工具箱中的"横排文字工具"，输入字母"X"，设置字体为"Arial Black"，大小为"16点"。在"图层样式"对话框中勾选"渐变叠加"复选框，设置"渐变编辑器"中左侧色标值为RGB（0，0，0），右侧色标值为RGB（63，79，90）。复制该图层并拖至"X"文字图层的下方，在图层控制面板中，右击该复制图层，在弹出的快捷菜单中选择"清除图层样式"命令，如图7-19

所示。设置该图层文字颜色值为RGB（176，187，198），使用"移动工具"进行微移，效果如图7-20所示。

图7-19 "清除图层样式"命令

图7-20 添加文字"X"后效果

Step 12 创建新图层为"图层3"，选择工具箱中的"矩形选框工具"，绘制一个如图7-21所示的矩形。选择工具箱中"渐变工具"，在选项栏中选择"线性渐变"选项，在"渐变编辑器"对话框中设置左侧色标值为RGB（48，58，68），右侧色标值为RGB（74，89，104），从上往下拉一条直线，填充渐变色。按【Ctrl+D】组合键取消选择。将"图层3"拖至"图层2"下方。效果如图7-22所示。

图7-21 绘制矩形框

项目一 项目二 项目三 项目四 项目五 项目六 项目七

图 7-22　填充渐变后效果

Step 13 创建新图层为"图层 4"，选择工具箱中的"矩形选框工具"，绘制一个如图 7-23 所示的矩形，使用"油漆桶工具"填充为黑色，在图层控制面板中，设置图层不透明度为"5%"。

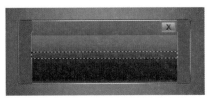

图 7-23　添加反光条效果后效果

Step 14 创建新图层为"图层 5"，选择工具箱中"铅笔工具"，设置颜色为白色，在界面中间下方画一条直线，如图 7-24 所示。选择工具箱中"橡皮擦工具"，设置主直径大一些，在选项栏中设置不透明度为"80%"，擦除线条两端。在图层控制面板中，设置图层不透明度为"30%"。创建新图层为"图层 6"，选择工具箱中"铅笔工具"，设置颜色为白色，在如图 7-25 所示中间上方位置画一条直线，在图层控制面板中设置图层不透明度为"50%"。

图 7-24　界面中间下方绘制直线

Step 15 选择工具箱中的"横排文字工具"，输入文字"正在播放"，设置字体为"幼圆"，大小为"16 点"，颜色值为 RGB（191，224，255）。输入文字"Fairy Tale"，设置

字体为"Arial"，大小为"16 点"，颜色值为 RGB（191，224，255）。创建新图层为"图层 7"，选择工具箱中"铅笔工具"绘制两条短竖线，方法同前。在图层控制面板中，设置图层不透明度为"50%"。效果如图 7-26 所示。

图 7-25　中部边框下方绘制直线

图 7-26　添加文字后效果

Step 16 选择工具箱中的"圆角矩形工具"命令，绘制进度条，成为"圆角矩形 3"图层，设置颜色值为 RGB（28，30，33），位置如图 7-27 所示。复制该图层为"圆角矩形 3 拷贝"，拖至"圆角矩形 3"图层下面，设置颜色值为 RGB（109，115，122），使用"移动工具"进行微移，形成立体效果，如图 7-28 所示。

图 7-27　绘制进度条

图 7-28　添加进度条立体效果

Step 17 选择工具箱中的"圆角矩形工具"，绘制进度条按钮，成为"圆角矩形 4"图层，设置颜色值为 RGB（116，133，149）。在"图层样式"对话框中勾选"投影"复选框，设置距离为"2"像素，大小为"2"像素。勾选"斜面和浮雕"复选框，设置深度为"50%"。效果如图 7-29 所示。

图 7-29　添加进度条按钮后效果

Step 18 创建新图层为"图层 8"，选择工具箱中"铅笔工具"，设置颜色为白色，在界面左上角绘制 10 根垂直线，选择"矩形选框工具"，选取如图 7-30 所示选区，按【Delete】键进行删除。选择工具箱中的"多边形套索工具"，选取如图 7-31 所示选区，按【Delete】键进行删除。在图层控制面板中，设置图层不透明度为"50%"，效果如图 7-32 所示。

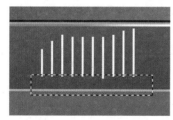

图 7-30　选区选择 1

图 7-31　选区选择 2

Step 19 选择工具箱中的"椭圆工具"，绘制播放按钮，成为"椭圆 1"图层，设置颜色值为 RGB（26，28，31）。在"图层样式"对话框中勾选"投影"复选框，设置混合模

式为"正常"，颜色为白色，不透明度为"10%"，角度为"120"度，距离为"0"像素，扩展为"100%"，大小为"2"像素。勾选"内阴影"复选框，设置混合模式为"正常"，颜色为白色，不透明度为"58%"，角度为"90"度，取消选择"使用全局光"复选框，设置距离为"1"像素，阻塞为"100%"，大小为"0"像素，如图 7-33 所示。勾选"描边"复选框，设置大小为"1"像素，颜色值为 RGB（56，66，81）。

图 7-32　添加音量标记后效果

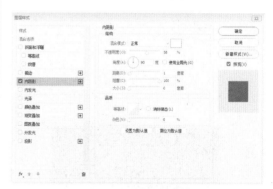

图 7-33　"内阴影"设置

Step 20 用鼠标左键按住工具箱中的"矩形工具"不放，弹出如图 7-34 所示菜单，选择"多边形工具"。在选项栏中，设置边数为"3"，如图 7-35 所示，绘制三角形，成为"多边形 1"图层。在"图层样式"对话框中勾选"投影"复选框，设置混合模式为"正常"，颜色为白色，不透明度为"10%"，角度为"120"度，距离为"0"像素，扩展为"100%"，大小为"2"像素。勾选"内阴影"复选框，设置混合模式为"正常"，颜色为白色，不透明度为"58%"，角度为"90"度，取消选择"使用全局光"复选框，距离为"1"像素，阻塞为"100%"，大小为"0"像素。勾选"渐变叠加"复选框，设置"渐变编辑器"对话框中左、中、右 3 个色标值分别为

RGB（135，153，171）、RGB（72，86，100）、RGB（135，153，171），如图 7-36 所示。勾选"描边"复选框，设置大小为"1"像素，颜色值为 RGB（56，66，81）。效果如图 7-37 所示。

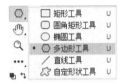

图 7-34　选择"多边形工具"

边：3

图 7-35　多边形边数设置

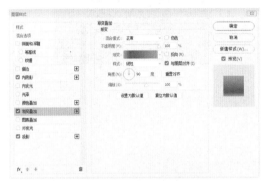

图 7-36　"渐变叠加"设置

图 7-37　添加播放按键后效果

Step 21 复制"椭圆 1"图层为"椭圆 1 拷贝"，选择工具箱中的"矩形工具"，绘制长方形，成为"矩形 1"图层，设置颜色值为 RGB（30，33，36）。在"图层样式"对话框中勾选"投影"复选框，设置混合模式为"正常"，颜色为白色，不透明度为"10%"，角度为"120"度，距离为"0"像素，扩展为"100%"，大小为"2"像素。勾选"内阴影"复选框，设置混合模式为"正常"，颜色为白色，不透明度为"58%"，角度为"90"度，取消选择"使用全局光"复选框，设置距离为"1"像素，阻塞为"100%"，大小为"0"

像素。勾选"描边"复选框，设置大小为"1"像素，颜色值为 RGB（56，66，81）。效果如图 7-38 所示。

图 7-38　暂停按键效果

Step 22 复制"椭圆 1"图层为"椭圆 1 拷贝 2"，选择"多边形工具"，绘制一个小三角形，成为"多边形 2"图层，设置颜色值为 RGB（30，33，36）。在"图层样式"对话框中勾选"投影"复选框，设置混合模式为"正常"，颜色为白色，不透明度为"10%"，角度为"120"度，距离为"0"像素，扩展为"100%"，大小为"2"像素。勾选"内阴影"复选框，设置混合模式为"正常"，颜色为白色，不透明度为"58%"，角度为"90"度，取消选择"使用全局光"复选框，设置距离为"1"像素，阻塞为"100%"，大小为"0"像素。勾选"描边"复选框，设置大小为"1"像素，颜色值为 RGB（56，66，81）。

Step 23 复制"多边形 2"图层为"多边形 2 拷贝"图层，选择工具箱中的"直线工具"，绘制一条短直线，设置方法同步骤 22。同时选中"多边形 2"图层与"多边形 2 拷贝"图层，在图层控制面板中右击，选择菜单中的"合并形状"命令得到"多边形 2 拷贝"图层，效果如图 7-39 所示。

图 7-39　下一首按键效果

Step 24 复制"椭圆 1"图层为"椭圆 1 拷贝 3"图层，复制"多边形 2 拷贝"图层为"多边形 2 拷贝 2"图层，选择"编辑"→"变换"→"水平翻转"命令，效果如图7-40所示。画面效果如图7-41所示。

图7-40 上一首按键效果

图7-41 添加按键后效果

Step 25 输入文字"02:10"，设置字体为"Arial"，大小为"16点"，颜色值为RGB（131，155，178），效果如图7-42所示。

图7-42 添加时间后效果

Step 26 选择"文件"→"存储为"命令，将图像进行保存。

5. 技巧点拨

1）铅笔工具

要创建硬边的直线，可使用"铅笔工具"。选择工具箱中"铅笔工具"，选取一种前景色。在如图7-43所示的"画笔预设"对话框中选择所需画笔，设置主直径和硬度大小。在如图7-44所示的选项栏中可设置"模式"、"不透明度"和"自动抹除"选项。在画面中单击并拖动鼠标可直接绘制，按住【Shift】键的同时拖动鼠标可绘制直线。

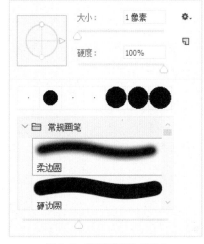

图7-43 "画笔预设"设置1

图7-44 "铅笔工具"选项栏

（1）模式。设置当前绘画颜色与下面图层的混合模式，与图层混合模式相似。

（2）不透明度。设置当前绘画颜色的透明度。不透明度为100%表示不透明。

（3）自动抹除。若光标处于含前景色的区域时，该区域将被涂抹成背景色；若光标处于不含前景色的区域时，该区域被涂抹成前景色。

（4）单击 按钮，可以打开画笔面板。 、 分别是对"不透明度""大小"使用压力，是在使用绘图板绘图的时候使用，对手绘的数位板才有效果。

2）画笔工具

要创建颜色的柔和描边，可使用"画笔工具"。选择工具箱中的"画笔工具"，选取一种前景色。"画笔工具"的"画笔预设"菜单与"铅笔工具"相同，可设置主直径和硬度大小。在如图7-45所示的选项栏中可设置"模式"、"不透明度"、"流量"和"喷枪功能"选项。在画面中单击并拖动鼠标可直接绘画，按住【Shift】键的同时拖动鼠标可绘制直线。单击"喷枪" 按钮时，按住鼠标左键不动，可增大颜色量。

图 7-45 "画笔工具"选项栏

（1）流量。将指针移动至某个区域时，应用颜色的速率。

（2）喷枪。模拟喷枪绘画。

3）画笔面板

单击控制面板中的 ☑ 按钮，出现画笔面板。

（1）画笔。选择各种不同类型的画笔，并设置主直径的大小，如图 7-46 所示。

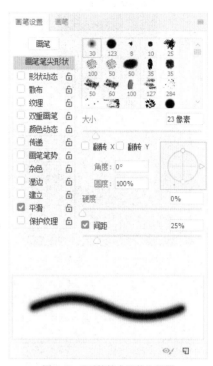

图 7-47 "画笔笔尖形状"设置

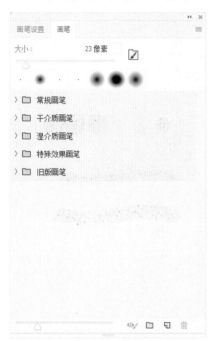

图 7-46 画笔面板

（2）画笔笔尖形状。设置画笔笔尖形状，可设置"直径"、"角度"、"圆度"、"硬度"和"间距"等参数，如图 7-47 所示。

（3）形状动态。设置描边时画笔笔迹的变化，可设置"大小抖动"、"控制"、"角度抖动"、"圆度抖动"和"最小圆度"等参数，如图 7-48 所示。

（4）散布。设置描边时笔迹的数目和位置，可设置"两轴"、"控制"、"数量"和"数量抖动"等参数，如图 7-49 所示。

（5）纹理。用图案进行描边，可设置"缩放"、"模式"和"深度"等参数，如图 7-50 所示。

图 7-48 "形状动态"设置

图 7-49 "散布"设置

图 7-50 "纹理"设置

相抖动"、"饱和度抖动"、"亮度抖动"和"纯度"等参数，如图 7-52 所示。

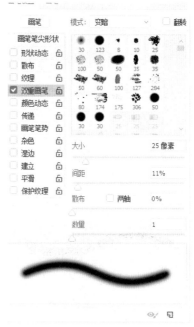

图 7-51 "双重画笔"设置

图 7-52 "颜色动态"设置

（6）双重画笔。使用两个笔尖来产生画笔笔触，可设置"模式"、"直径"、"间距"、"散布"和"数量"等参数，如图 7-51 所示。

（7）颜色动态。设置描边时油彩颜色的变化方式，可设置"前景/背景抖动"、"色

（8）传递。设置油彩描边时的改变方式，可设置"不透明度抖动"、"流量抖动"和"控制"参数，如图 7-53 所示。

（9）画笔笔势。用来设置画笔 X 轴和 Y 轴倾斜角度、旋转和压力，如图 7-54 所示。

图 7-53　"传递"设置

图 7-54　"画笔笔势"设置

（10）杂色。为某些画笔笔尖添加随机效果。

（11）湿边。为画笔的边缘增大油彩量，获得水彩效果。

（12）平滑。产生更平滑的曲线。

（13）保护纹理。将同图案、缩放比例设置于有纹理的所有画笔预设。

7.1.2　应用模式——简约型音乐播放器界面设计

● 1. 任务效果图（见图 7-55）

图 7-55　"简约型音乐播放器界面设计"效果图

● 2. 关键步骤

Step 01　选择工具箱中的"圆角矩形工具"，设置圆角半径为"50 像素"，在画面中绘制一个圆角矩形，成为"圆角矩形 1"图层。

Step 02　选择"圆角矩形 1"图层，在"图层样式"对话框中勾选"投影"复选框，设置不透明度为"17%"，角度为"90"度，距离为"3"像素，扩展为"0%"，大小为"3"像素。勾选"内阴影"复选框，设置不透明度为"17%"，角度为"-87"度，取消选择"使用全局光"复选框，设置距离为"5"像素，阻塞为"16%"，大小为"6"像素。勾选"内发光"复选框，设置混合模式为"正常"，不透明度为"21%"，颜色为黑色，如图 7-56 所示。勾选"斜面和浮雕"复选框，设置大小为"9"像素，软化为"6"像素，角度为"90"度，高度为"6"度，阴影模式的不透明度为"0%"，如图 7-57 所示。勾选"渐变叠加"复选框，设置混合模式为"正常"，不透明度为"10%"，缩放为"34%"。画面效果如图 7-58 所示。

Step 03　选择工具箱中的"圆角矩形工具"，设置前景色为白色，绘制一个圆角矩形，成为"圆角矩形 2"图层。在"图层样式"对话框中其他设置同步骤 2，设置"渐变叠加"不透明度为"49%"，在"渐变编辑器"对话框中设置左侧色标值为白色，右侧色标值为黑色，勾选"反向"复选框，缩放为"93%"。画面效果如图7-59所示。

勾选"消除锯齿"复选框，如图7-61所示。画面效果如图7-62所示。

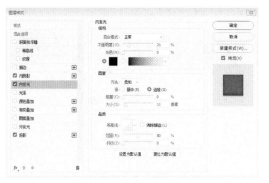

图7-56 "内发光"设置1

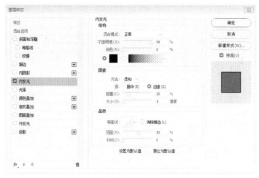

图7-60 "内发光"设置2

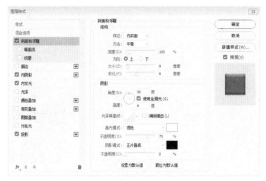

图7-57 "斜面和浮雕"设置1

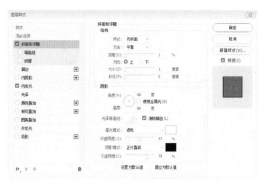

图7-61 "斜面和浮雕"设置2

图7-58 绘制"圆角矩形1"后效果

图7-62 绘制"圆角矩形2 拷贝"后效果

Step 05 设置前景色颜色值为RGB（134，183，231），选择工具箱中的"圆角矩形工具"，设置圆角半径为"3"像素，绘制新的圆角矩形，成为"圆角矩形3"图层。在"图层样式"对话框中勾选"投影"复选框，设置混合模式为"正常"，颜色为白色，不透明度为"30%"，角度为"-56"度，取消选择"使用全局光"复选框，设置距离为"3"像素，大小为"1"像素，如图7-63所示。勾选"内发光"复选框，设置混合模式为"正常"，不透明度为"41%"，颜色为黑色。勾选"斜面和浮雕"复选框，设置深度为"211%"，大小为"92"像素，角度为"-90"度，取消选择"使用全局光"复选框，设置阴影高度为"45"度，高光模式为"颜色减淡"，颜色为白色，不透明度为"30%"，阴影模式为"颜

图7-59 绘制"圆角矩形2"后效果

Step 04 复制"圆角矩形2"图层成为"圆角矩形2 拷贝"图层，右击该图层，在弹出的快捷菜单中选择"清除图层样式"命令。设置"圆角矩形2 拷贝"颜色为黑色，使用"自由变换工具"，使"圆角矩形2 拷贝"略小于"圆角矩形2"。在"图层样式"对话框中勾选"内发光"复选框，设置混合模式为"正常"，不透明度为"96%"，颜色为黑色，阻塞为"20%"，大小为"3"像素，如图7-60所示。勾选"斜面和浮雕"复选框，设置深度为"1%"，大小为"1"像素，角度为"90"度，取消选择"使用全局光"复选框，设置高度为"80"度，高光模式的不透明度为"47%"，

色减淡",颜色为黑色,不透明度为"0%",如图 7-64 所示。勾选"描边"复选框,设置大小为"1"像素,颜色为黑色。画面效果如图 7-65 所示。

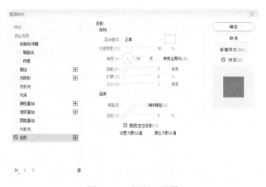

图 7-63 "投影"设置

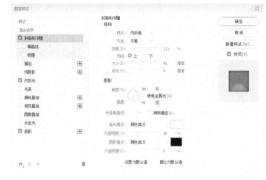

图 7-64 "斜面和浮雕"设置 3

图 7-65 绘制"圆角矩形 3"后效果

7.2 任务 2 手机 UI 界面设计

7.2.1 引导模式——程序下载界面设计

◎ 1. 任务描述

利用"矩形工具""圆角矩形工具""椭圆工具"等,制作手机应用程序下载界面。

◎ 2. 能力目标

① 能熟练运用"矩形工具"进行手机界面的分割和布局;

② 能熟练运用"圆角矩形工具""椭圆工具"进行手机界面的设计;

③ 能熟练运用"图层样式"制作手机界面的细节效果;

④ 能运用"图层蒙版工具"进行选区的隐藏。

◎ 3. 任务效果图（见图 7-66）

◎ 4. 操作步骤

Step 01 新建文件,设置宽度为"640 像素",高度为"1136 像素",分辨率为"72 像素/英寸",颜色模式为"RGB 颜色",名称为"程序下载界面设计"。

Step 02 选择"视图"→"新建参考线"命令,在弹出的对话框中选择取向为"垂直",位置为"20 像素",产生一根新的参考线。使

用同样的方法再添加另外一根参考线,取向为"垂直",位置为"620 像素",效果如图 7-67所示。

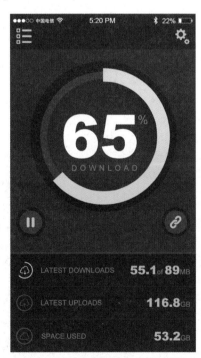

图 7-66 "程序下载界面设计"效果图

注意： 参考线主要用于后面素材的对齐。

图 7-67 添加参考线

Step 03 选择工具箱中的"矩形工具"□，从画面的顶部开始绘制一个矩形，在其选项栏中设置宽度为"640 像素"，高度为"120 像素"，颜色值为 RGB（26，36，44），如图 7-68 所示。在图层控制面板中修改图层名称为"顶栏 BG"。选择"移动工具"将其与文档顶部对齐，如图 7-69 所示。

Step 04 在图层控制面板中双击该矩形图层，在"图层样式"对话框中勾选"投影"复选框，设置混合模式为"正常"，颜色值为 RGB（43，54，66），不透明度为"100%"，角度为"90"度，距离为"2"像素，扩展为"0%"，大小为"0"像素，如图 7-70 所示。

注意： 虽然效果不太明显，但是细节的添加有利于设计出更为精美的界面效果。

图 7-68 矩形选项设置

图 7-69 对齐顶栏 BG

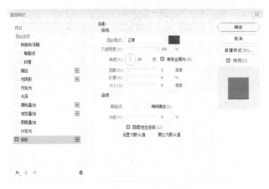

图 7-70 顶栏 BG "投影"设置

Step 05 选择工具箱中的"矩形工具"□，从画面的中部开始绘制一个矩形，设置宽度为"640 像素"，高度为"680 像素"，颜色值为 RGB（34，44，54）。在图层控制面板中修改图层名称为"主内容 BG"。选择"移动工具"将其与"顶栏 BG"对齐，如图 7-71 所示。

图 7-71 对齐主内容 BG

Step 06 在图层控制面板中双击该矩形图层，在"图层样式"对话框中勾选"投影"复选框，设置混合模式为"正常"，颜色值为 RGB（43，54，66），不透明度为"100%"，取消选择"使用全局光"复选框，设置角度为"90"度，距离为"8"像素，扩展为"100%"，大小为"0"像素，如图 7-72 所示。

Step 07 选择工具箱中的"矩形工具"□，从画面的下部开始绘制一个矩形，设置宽度为"640 像素"，高度为"336 像素"，设置颜色值为 RGB（25，34，42）。在图层控制面板中修改图层名称为"底部 BG"。选择"移动工具"将其与"主内容 BG"对齐，如图 7-73 所示。在图层控制面板中将"底部 BG"图层的位置拖至"主内容 BG"图层下方，图层控制面板如图 7-74 所示。

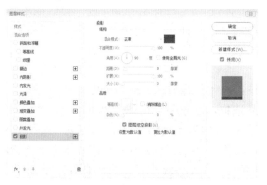

图 7-72　主内容 BG "投影"设置

图 7-73　对齐底部 BG

Step 08 打开素材库中的"素材—手机顶部 UI"文件，将图层控制面板中的组"phone GUI"拖至文档中，置于顶部，如图 7-75 所示。

图 7-74　绘制完 BG 后的图层控制面板

图 7-75　拖入顶部 UI

Step 09 打开素材库中的"素材—手机小图标"文件，在图层控制面板中选择"list"图层将其拖至文档中，并稍微放大一些。使用同样的方法将素材库中的"Shape 10"文件拖至文档中，放大并放置于合适的位置，效果如图 7-76 所示。

图 7-76　添加手机小图标后效果

Step 10 选择工具箱中的"椭圆工具"○.，在画面中部绘制一个圆形，在其选项栏中设置宽度为"506 像素"，高度为"506 像素"，颜色值为 RGB（25，34，42），如图 7-77 所示，修改图层名称为"圆 1"。

图 7-77　椭圆选项设置

Step 11 选择"视图"→"新建参考线"命令，在弹出的对话框中设置取向为"水平"，位置为"160 像素"，产生一根水平参考线。将"圆 1"的顶端与此参考线对齐，置于画面中间，如图 7-78 所示。

Step 12 在图层控制面板中双击"圆 1"图层，在"图层样式"对话框中勾选"投影"复选框，设置混合模式为"正常"，颜色值为 RGB（43，54，66），不透明度为"100%"，取消选择"使用全局光"复选框，设置角度为"90"度，距离为"1"像素，扩展为"0%"，大小为"0"像素。使用同样的方法绘制第二个圆形,设置宽度为"436像素",高度为"436像素",颜色值为RGB(43,54,66),置于"圆1"的中间。修改图层名称为"圆2",如图7-79所示。

图 7-78 绘制圆形后效果

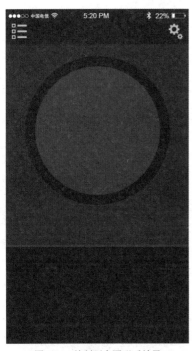

图 7-79 绘制两个圆形后效果

Step 13 使用同样的方法绘制第三个圆形,设置宽度为"385像素",高度为"385像素",颜色值为RGB(34,44,54),置于"圆2"的中间。修改图层名称为"圆3"。在图层控制面板中双击"圆3"图层,在"图层样式"对话框中勾选"内阴影"复选框,设置混合模式为"正常",颜色值为RGB(0,0,0),不透明度为"5%",取消选择"使用全局光"

复选框,设置角度为"90"度,距离为"30"像素,阻塞为"0%",大小为"40"像素,如图7-80所示。效果如图7-81所示。

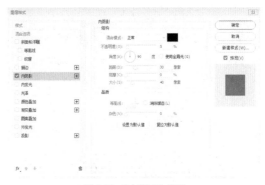

图 7-80 "内阴影"设置

图 7-81 设置内阴影后效果

Step 14 使用同样的方法绘制第四个圆形,设置宽度为"458像素",高度为"458像素",置于圆圈的中间。修改图层名称为"圆4"。在图层控制面板中双击"圆4"图层,在"图层样式"对话框中勾选"描边"复选框,设置大小为"45像素",位置为"内部",混合模式为"正常",不透明度为"100%",填充类型为"渐变",角度为"90"度,如图7-82所示。单击"点按可编辑渐变"按钮,在"渐变编辑器"对话框中设置左侧色标颜色值为

RGB（159，232，80），右侧色标颜色值为 RGB（196，235，121），如图 7-83 所示。

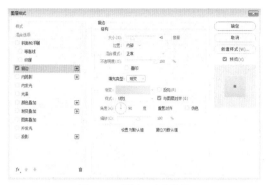

图 7-82 "描边"参数设置

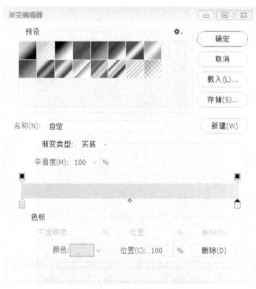

图 7-83 "渐变编辑器"参数设置

Step 15 在图层控制面板中设置"圆 4"的填充为"0%"。右击"圆 4"图层，在弹出的快捷菜单中选择"转换为智能对象"命令。在图层控制面板中双击"圆 4"图层，在图层样式中勾选"投影"复选框，设置混合模式为"正常"，颜色值为 RGB（0，0，0），不透明度为"20%"，取消选择"使用全局光"复选框，设置角度为"90"度，距离为"20"像素，扩展为"0%"，大小为"80"像素。

Step 16 在工具箱中选择"多边形套索工具"，从"圆 4"图层的中心开始进行区域的选择，如图 7-84 所示。

注意：为了提高准确性，可新建两根参考线以找到圆心，然后再绘制区域。

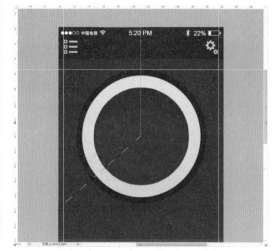

图 7-84 区域选择

Step 17 选择"图层"→"图层蒙版"→"隐藏选区"命令，隐藏选择的区域，效果如图 7-85 所示。

图 7-85 隐藏区域

Step 18 选择工具箱中的"横排文字工具"，单击圆圈区域的中心，输入数字"65"，设置字体为"Arial""Black"，大小为"200 点"，"平滑"，颜色值为 RGB（255，255，255），效果如图 7-86 所示。

图 7-88　添加两个小圆

Step 21 同时选中"圆 5"和"圆 5a"图层，右击，在弹出的快捷菜单中选择"复制图层"命令，单击"确定"按钮。将复制后的图层进行重命名，改为"圆 6"和"圆 6a"，同时选中这两个图层，按住【Shift】键的同时使用"移动工具"将它们移至右侧参考线处，如图 7-89 所示。

图 7-86　添加数字

Step 19 输 入 符 号 "%"，设置字体为 "Arial" "Regular"，大小为 "40 点"，"平滑"，颜色值为 RGB（91，103，115）。输入文字 "DOWNLOAD"，设置字体为 "Arial" "Regular"，大小为 "26 点"，间距为 "400"，"平滑"，颜色值为 RGB（91，103，115），位置如图 7-87 所示。

图 7-87　添加百分号

Step 20 选择工具箱中的 "椭圆工具" 绘制一个小圆形，设置宽度为 "100 像素"，高度为 "100 像素"，颜色值为 RGB（25，34，42）。修改图层名称为 "圆 5"。复制"圆 5"层，修改宽度为 "78 像素"，高度为 "78 像素"，设置颜色值为 RGB（43，54，66）。修改图层名称为 "圆 5a"，使 "圆 5" 与 "圆 5a" 的中心对齐，如图 7-88 所示。

图 7-89　复制两个小圆

Step 22 选择工具箱中的 "圆 角 矩 形 工具" □.，设置颜色值为 RGB（181，181，181），在其选项栏中设置宽度为 "10 像素"，高度为 "34 像素"，半径为 "8 像素"，如图 7-90 所示。在"圆 5a"的中间绘制暂停图标，位置如图 7-91 所示。

项目一　项目二　项目三　项目四　项目五　项目六　项目七

☐ ∨ ┃ 形状 ∨ ┃ 填充：▨ 描边：✎ ┃ 1 像素 ∨ ┃ ── ∨ ┃ W: 10 像素 ∞ H: 34 像素 ┃ ☐ ┃ ⊟ ┃ +⊟ ┃ ✿ ┃ 半径：8 像素 ☑ 对齐边缘

图 7-90　圆角矩形参数设置

图 7-91　绘制暂停图标

Step 23 打开素材库中"素材—手机小图标"文件，将"Shape 205"图层拖至文档中并置于右侧"圆 6a"的中心，如图 7-92 所示。

图 7-92　添加小图标

Step 24 选择工具箱中的"矩形工具"，在文档底部绘制一个矩形，设置宽度为"640像素"，高度为"108 像素"，颜色值为RGB（25，34，42），修改图层名称为"底部 1"，使矩形顶端与"主内容 BG"的底端对齐。双击图层控制面板中的该图层，在"图层样式"对话框中勾选"投影"复选框，设置混合模式为"正常"，颜色值为 RGB（43，54，66），不透明度为"100%"，取消选择"使用全局光"复选框，设置角度为"90"度，距离为"1"像素，扩展为"0%"，大小为"0"像素。将"底部 1"图层复制两次，分别向下对齐排列，使界面下部成为三个区域，效果如图 7-93 所示。

图 7-93　添加三个底部

Step 25 用"椭圆工具"在底部区域绘制一个小圆形，设置宽度为"50 像素"，高度为"50像素"，修改图层名称为"底圆 1"。打开"图层样式"对话框，勾选"描边"复选框，设置描边大小为"3"像素，颜色值为 RGB（155，235，77），其余为默认值。在图层控制面板中将"底圆 1"的"填充"设置为"0%"。右击"底圆 1"图层，在弹出的快捷菜单中选择"转换为智能对象"命令。

Step 26 参考步骤 16 和 17，生成如图 7-94所示的选区，利用"图层蒙版工具"隐藏选区，获得如图 7-95 所示的效果。

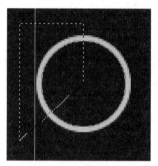

图 7-94　选择需隐藏的选区

图 7-95　隐藏选区后效果

Step 27 打开素材库中的"素材—手机小图标"文件，将"cloud down"图层拖至文档中并置于"底圆 1"的中心。修改颜色值为RGB（155，235，77）。输入文字"LATESTDOWNLOADS"，设置字体为"Arial""Regular"，大小为"24 点"，"平滑"，颜色值为 RGB（91，103，115）。输入文字"55.1of 81MB"，设置字体为"Arial""Black"，大小为"40 点"，"平滑"，颜色值为 RGB（168，175，182）。然后用鼠标分别选中单词"of"

与"MB"，设置字体为"Arial""Regular"，大小为"24 点"，"平滑"，颜色值为 RGB（91，103，115）。将文字与最右侧参考线对齐，如图 7-96 所示。

层拖至文档中，它们的颜色值均为 RGB（60，70，81）。使用同样的方法添加文字"SPACE USED"和"53.2GB"，效果如图 7-98 所示。

图 7-96　添加底一层文字后效果

图 7-97　添加底二层文字后效果

Step 28 用"椭圆工具"绘制第二个小圆形，设置宽度为"50 像素"，高度为"50 像素"，修改图层名称为"底圆 2"。打开"图层样式"对话框，勾选"描边"复选框，设置描边大小为"3 像素"，颜色值为 RGB（60，70，81），其余为默认值。在图层控制面板中将"底圆 2"的"填充"设置为"0%"。打开素材库中的"素材—手机小图标"文件，将"cloud up"图层拖至文档中，置于"底圆 2"的中心。修改颜色值为 RGB（60，70，81）。输入文字"LATEST UPLOADS"，设置字体为"Arial""Regular"，大小为"24 点"，"平滑"，颜色值为 RGB（91，103，115）。复制"55.1 of 81MB"文字图层，将文字内容修改为"116.8GB"。字体大小及设置方法参考步骤 27。效果如图 7-97 所示。

Step 29 使用同样的方法绘制第三个小圆为"底圆 3"，然后将素材中的"cloud"图

图 7-98　添加底三层文字后效果

5. 技巧点拨

1）矩形工具

（1）"矩形工具"是 Photoshop 中绘制矢量图形的工具，如图 7-99 所示，在工具箱中可以选择。

图 7-99　矩形工具

（2）选中后选项栏的状态如图 7-100 所示。

图 7-100　矩形工具选项栏

（3）在选项栏中可以设置"选择工具模式"，选择"形状"、"路径"或者"像素"选项，如图 7-101 所示。

图 7-101　"选择工具模式"选项

选择"形状"选项，在画布上按住鼠标左键拖出任意大小的矩形，然后可以在"填充"中选择所需要的颜色，单击填充颜色缩略图右下角的小三角形即可调出设置颜色填充面板，如图 7-102 所示。使用同样的方法可以调出设置形状描边类型面板，对矩形描边色彩进行修改。如图 7-103 所示为橙色矩形添加黑色描边后的效果。

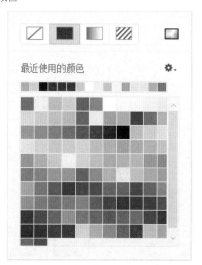

图 7-102　设置颜色填充面板

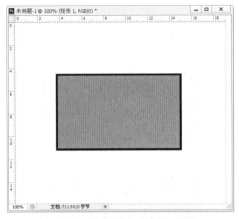

图 7-103 橙色填充、黑色描边效果

可以根据需要设置形状描边宽度，如图 7-104 所示。

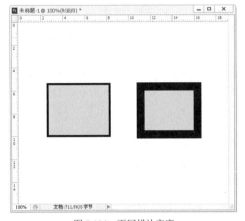

图 7-104 不同描边宽度

可以根据需要设置形状描边类型，可自定义矩形大小，输入形状的宽度与高度值即可，如图 7-105 所示。

图 7-105 输入形状宽度与高度值

在"路径操作"选项中可以进行如图 7-106 所示的选择。如图 7-107、图 7-108、图 7-109、图 7-110、图 7-111 所示分别为新建图层、合并形状、减去顶层形状、与形状区域相交、排除重叠形状后的效果。

图 7-108 合并形状效果　图 7-109 减去顶层形状效果

图 7-110 与形状区域　图 7-111 排除重叠形状
相交效果　　　　　　效果

（4）在"选择工具模式"中选择"路径"选项，在此状态下可以绘制路径矩形，如图所 7-112 示，可分别建立三种矩形模式。

图 7-112 选择"路径"工作模式

单击选项栏上的"建立选区"按钮，可弹出如图 7-113 所示的对话框，可设置羽化半径等。例如，修改羽化半径数值为"10"像素，单击"确定"按钮可得到如图 7-114 所示的选区。

图 7-113 "建立选区"对话框

图 7-114 羽化后的选区

如果当前绘制的路径矩形下方有其他图层，如图 7-115 所示，在矩形下方有一个蓝色图层。单击选项栏上的"蒙版"按钮即可产生蒙版效果，如图 7-116 所示。当前图层控制面板状态如图 7-117 所示。

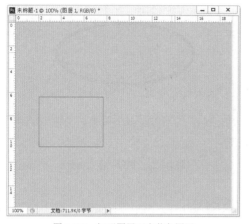

图 7-115 矩形图层下有蓝色图层

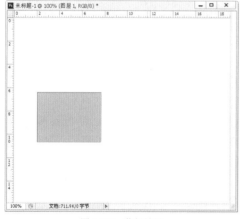

图 7-116 蒙版效果

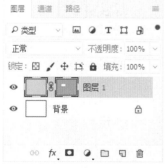

图 7-117 图层控制面板状态

单击选项栏上的"形状"按钮，可将绘制的路径矩形转换为形状矩形，如图 7-118 所示。

图 7-118 路径转换成形状

（5）在"选择工具模式"中选择"像素"选项，在选项栏上单击"为填充设置混合模式"按钮，弹出如图 7-119 所示的下拉菜单。

图 7-119 设置混合模式

如图 7-120 所示，绘制 3 个像素矩形，从左至右依次为"正常"模式、"滤色"模式、"正片叠底"模式。此外，还可以修改填充设置的不透明度。

图 7-120 不同混合模式下的效果

2）圆角矩形工具

在工具箱中选择"圆角矩形工具"，在其选项栏上可以修改圆角的半径，如图 7-121 所示是半径为"15 像素"的圆角矩形。

其余操作方式与"矩形工具"相同，参考前文进行操作即可。

项目一

项目二

项目三

项目四

项目五

项目六

项目七

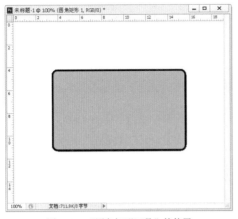

图 7-121 "圆角矩形工具"的使用

3）椭圆工具

在工具箱中选择"椭圆工具"，其操作

方式与"矩形工具"相同，参考前文进行操作即可。如图 7-122 所示为添加描边后的椭圆形。

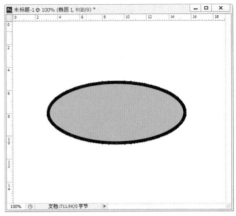

图 7-122 "椭圆工具"的使用

7.2.2 应用模式——联系人信息界面设计

◉ 1. 任务效果图（见图 7-123）

图 7-123 "联系人信息界面设计"效果图

◉ 2. 关键步骤

Step 01 新建文件，设置宽度为"640 像素"，高度为"1136 像素"，分辨率为"72 像素 / 英寸"，颜色模式为"RGB 颜色"，背景内容为"白色"。新建两根参考线，分

别为水平"40 像素"和水平"128 像素"。选择工具箱中的"矩形工具"，绘制一个矩形，设置其宽度为"640 像素"，高度为"530 像素"，颜色值为 RGB（57，178，248）。为矩形图层添加"渐变叠加"图层样式，在"渐变编辑器"中设置左侧色标颜色值为 RGB（38，157，241），右侧色标颜色值为 RGB（68，196，255），角度为"45 度"。画面效果如图 7-124 所示。

图 7-124 矩形添加"渐变叠加"后效果

Step 02 打开素材库中的"素材—顶部UI"文件，将"phone GUI"图层拖至文档中，置于文档顶部。输入文字"View Profile"，设置字体为"Century Gothic"，大小为"34点"，"平滑"，颜色为白色。打开"素材—小图标"文件，将"箭头"和"加号"图层拖至文档中，如图 7-125 所示。

图 7-125　添加顶部 UI 和文字后效果

Step 03 选择"椭圆工具"，绘制一个圆形，设置宽度为"200 像素"，高度为"200 像素"，颜色值为RGB（38，153，242），为该圆形图层添加"描边"图层样式，设置大小为"14像素"，位置为"外部"，混合模式为"正常"，不透明度为"0%"，填充颜色值为RGB（54，174，250）。添加"内发光"图层样式，设置混合模式为"正常"，不透明度为"100%"，颜色为白色，图案的阻塞为"100%"，大小为"4像素"，勾选"消除锯齿"复选框。添加"外发光"图层样式，设置混合模式为"正常"，不透明度为"100%"，颜色值为RGB（68，200，255），图案的阻塞为"100%"，大小为"16像素"，效果如图 7-126 所示。

图 7-126　绘制圆形并添加图层样式后效果

Step 04 打开"素材—头像"文件，将其拖至文档中，调整头像大小，利用选区和图层蒙版来制作联系人头像。输入姓名"Xinyu Ni"，设置字体大小为"56 点"，"犀利"，颜色为白色。添加所在地"江苏苏州"，字体为"Adobe黑体 Std"，设置大小为"20 点"，"平滑"，颜色值为"#00579a"，效果如图 7-127 所示。

图 7-127　添加头像及姓名、职业后效果

Step 05 绘制两个宽度为"100 像素"、高度为"100 像素"的小圆形，分别置于头像两侧，设置左侧小圆形的颜色值为RGB（3，148，231），右侧小圆形的颜色值为RGB（40，164，242）。打开"素材—小图标"文件，将"手机"和"聊天"图层拖至文档中，分别置于对应的小圆形内。选择"矩形工具"，在蓝色背景区域下方绘制两个宽度为"320 像素"、高度为"128 像素"的矩形，设置左侧矩形的颜色值为RGB（57，175，250），右侧矩形的颜色值为RGB（40，164，242）。分别输入数字"60,685"和"25,187"，设置颜色为白色，大小为"44 点"。在数字下方分别输入文字"FOLLOWERS"和"FOLLOWING"，设置大小为"20 点"，"FOLLOWERS"的颜色值为RGB（0，108，153），"FOLLOWING"的颜色值为RGB（160，205，255）。效果如图 7-128 所示。

图 7-128　添加文字后效果

Step 06 输入邮箱信息文字"Email"，设置大小为"20 点"，颜色值为RGB（37，

148，241）。输入文字"xinyu@163.com"，设置大小为"28 点"，颜色为黑色。选择"直线工具"绘制线条，将内容进行区域划分。设置填充颜色值为 RGB（204，204，204），在图层控制面板中将不透明度设置为"50%"，然后分别输入其他相关信息文字："iPhone""18962367890""微信号""xinyu2022""个人网站""xinyu.com.cn"，效果如图 7-129 所示。

图 7-129　添加邮箱等信息后效果

7.3　任务 3　计算机桌面背景设计

7.3.1　引导模式——彩色光束背景设计

➡ 1. 任务描述

利用"钢笔工具""渐变工具""图层蒙版"等，制作一个充满浪漫色彩的计算机桌面光束背景。

➡ 2. 能力目标

① 能熟练运用"钢笔工具"绘制光束的轮廓线条；

② 能熟练运用"渐变工具"进行光束颜色的填充；

③ 能熟练地将"图层蒙版"和"组"配合使用进行光束的制作和调整；

④ 能运用"调整图层"进行光束色彩的调整和优化处理。

➡ 3. 任务效果图（见图 7-130）

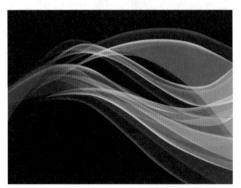

图 7-130　"彩色光束背景设计"效果图

➡ 4. 操作步骤

Step 01 新建文件，设置宽度为"1024 像素"，高度为"768 像素"，分辨率为"72 像素 / 英寸"，颜色模式为"RGB 颜色"，名称为"彩色光束背景设计"。

Step 02 选择工具箱中的"油漆桶工具"，将背景图层填充为黑色。在图层控制面板下方单击"创建新组"按钮 □，新建一个组"组 1"。选择工具箱中的"钢笔工具"，勾画第一条光束的轮廓路径，如图 7-131 所示。在画面上右击，弹出如图 7-132 所示的快捷菜单，选择"建立选区"命令，将所绘线条转换为选区。在图层控制面板中单击"添加矢量蒙版"按钮 □，给该组添加图层蒙版，此时图层状态如图 7-133 所示。

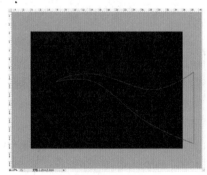

图 7-131　绘制第一条光束轮廓

图 7-132 将线条转换成选区

图 7-133 给"组 1"添加图层蒙版

Step 03 在组 1 中新建"图层 1",选择工具箱中的"渐变工具" ▣。在属性栏中单击"点按可编辑渐变"按钮 ▣▣▣▣▣，添加 3 个色标后一共有 5 个色标，从左至右分别设置颜色值为 RGB（241，7，145）、RGB（255，170，59）、RGB（238，226，33）、RGB（135，233，30）、RGB（132，241，242），如图 7-134 所示。在选项栏中单击"线性渐变"按钮 ▣，将起点定位于色块左侧头部，向右拉出如图 7-135 所示的光束底色。在图层控制面板中将图层的不透明度设置为"30%"，将光束减淡。

Step 04 选择工具箱中的"钢笔工具"，勾画上部边缘的高光区，如图 7-136 所示。在画面上右击，在弹出的快捷菜单中选择"建立选区"命令，设置羽化半径为"4 像素"，确定后将线条转换成选区。按【Ctrl+J】组合

键复制得到新的图层"图层 2"，修改图层不透明度为"30%"，效果如图 7-137 所示。

图 7-134 添加色标

图 7-135 光束底色

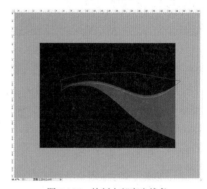

图 7-136 绘制上部高光线条

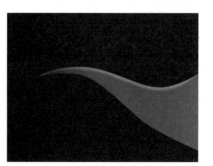

图 7-137 添加上部高光后的光束效果

Step 05 单击渐变图层"图层 1"，选择工具箱中的"钢笔工具"，勾画底部边缘的高光区线条，如图 7-138 所示。使用同样的方法将线条转换成选区并设置羽化半径为"4 像素"。按【Ctrl+J】组合键复制得到新的图层"图层 3"，修改图层不透明度为"100%"，效果如图 7-139 所示。

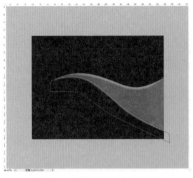

图 7-138　绘制底部高光线条

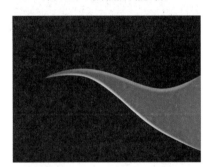

图 7-139　添加底部高光后的光束效果

Step 06 在图层控制面板中，按住【Ctrl】键的同时单击"组 1"的蒙版缩略图，获得选区。选择工具箱中的"矩形选框工具"，按【↓】键两次，把选区向下移 2 个像素。按【Ctrl+Shift+I】组合键对选区进行反选，如图 7-140 所示。

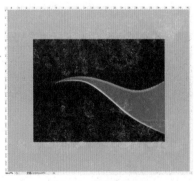

图 7-140　反向选择选区

Step 07 选择渐变图层"图层 1"，按【Ctrl+J】组合键复制得到新的图层"图层 4"，把选区部分的色块复制到新的图层中，图层控制面板如图 7-141 所示。第一条光束完成后效果如图 7-142 所示。

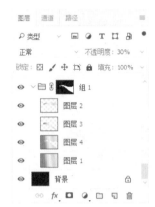

图 7-141　绘制第一条光束后的图层控制面板

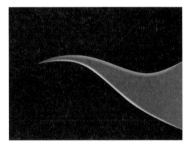

图 7-142　第一条光束效果

Step 08 选择渐变图层"图层 1"，按【Ctrl+A】组合键全选，然后按【Ctrl+C】组合键进行复制。在图层控制面板中新建"组 2"，选择工具箱中的"钢笔工具"绘制如图 7-143 所示的第二条光束的线条轮廓。参考第一条光束的制作方法建立选区，并给"组 2"添加图层蒙版，图层控制面板状态如图 7-144 所示。

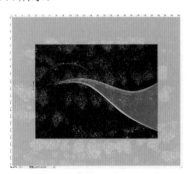

图 7-143　绘制第二条光束轮廓

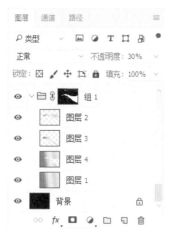

图 7-144　绘制第二条光束轮廓后的图层控制面板

Step 09 在"组 2"中新建图层"图层 5"，按【Ctrl+V】组合键把复制好的渐变图层粘贴进来，将图层不透明度设置为"30%"，效果如图 7-145 所示。

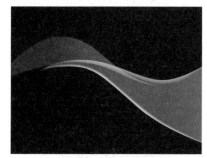

图 7-145　填充第二条轮廓线条

Step 10 复制"图层 5"成为"图层 5 拷贝"，设置不透明度为"100%"，按【Alt】键添加图层矢量蒙版。选择工具箱中的"画笔工具"，设置颜色为白色，画笔不透明度为"10%"，将如图 7-146 所示光束的顶部慢慢擦亮。

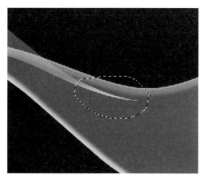

图 7-146　擦亮第二条光束顶部

Step 11 单击第二条光束的"图层 5"，用"钢笔工具"勾画其边缘的高光区，如图 7-147

所示。用上文同样的方法建立选区，设置羽化半径为"4 像素"，按【Ctrl+J】组合键复制得到新的图层"图层 6"，设置图层不透明度为"100%"，效果如图 7-148 所示。

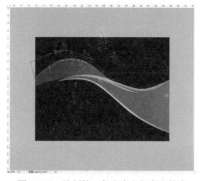

图 7-147　绘制第二条光束上部高光轮廓

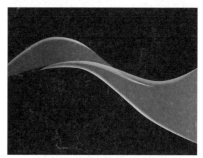

图 7-148　填充第二条光束上部高光效果

Step 12 再次复制"图层 5"成为"图层 5 拷贝 2"，设置不透明度为"100%"。在图层控制面板中，按住【Ctrl】键的同时单击"组 2"的蒙版缩略图，获得选区。选择工具箱中的"矩形选框工具"，按【↓】键两次，把选区向下移 2 个像素，按【Delete】键删除选区，第二条光束完成。

Step 13 在图层控制面板中新建"组 3"，参考光束 1 和光束 2 的方法制作光束 3，其形状如图 7-149 所示。建立选区并添加图层矢量蒙版，为其填充底色后修改图层不透明度为"30%"。参考光束 1 和光束 2 的方法制作光束 3 的高光区，效果如图 7-150 所示。在图层控制面板中新建"组 4"，参考前面的方法制作光束 4，其形状如图 7-151 所示。建立选区并添加图层矢量蒙版，为其填充底色后修改图层不透明度为"30%"。在图层控制面板中新建"组 5"，参考前面的方法制作光束 5，其形状如图 7-152 所示。添加图

项目一　项目二　项目三　项目四　项目五　项目六　项目七

层矢量蒙版，为其填充底色后修改图层不透明度为"30%"。

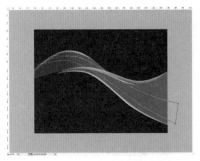

图 7-149　绘制第三条光束轮廓线条

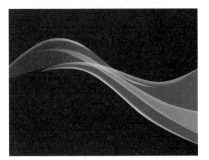

图 7-150　填充第三条光束及高光区

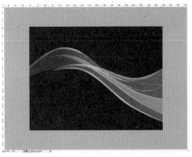

图 7-151　绘制第四条光束轮廓线条

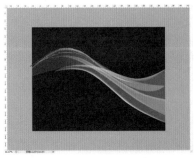

图 7-152　绘制第五条光束轮廓线条

Step 14 在图层控制面板中新建"组6"，参考前面的方法制作光束 6，其形状如图 7-153 所示。参考光束 1 和光束 2 的方法制作光束 6 的高光区，设置图层不透明度

为"70%"。在图层控制面板中新建"组7"，参考前面的方法制作光束 7，其形状如图 7-154 所示。添加图层矢量蒙版，为其填充底色后修改图层不透明度为"40%"。在图层控制面板中新建"组 8"，参考前面的方法制作光束 8，其形状如图 7-155 所示。添加图层矢量蒙版，为其填充底色后修改图层不透明度为"30%"。在图层控制面板中新建"组 9"，参考前面的方法制作光束 9，其形状如图 7-156 所示。参考光束 1 和光束 2 的方法制作光束 9 的高光区，设置图层不透明度为"70%"。最后效果如图 7-157 所示。

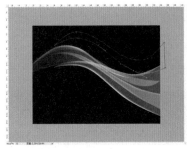

图 7-153　绘制第六条光束轮廓线条

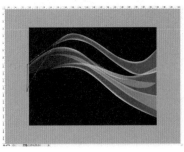

图 7-154　绘制第七条光束轮廓线条

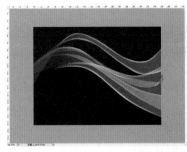

图 7-155　绘制第八条光束轮廓线条

Step 15 在图层控制面板中，单击"创建新的填充和调整图层"按钮 ◐. 选择"亮度 / 对比度度"命令，设置对比度为"+15"，亮度为"0"，对整个画面进行调整。

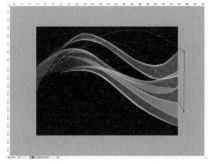

图 7-156 绘制第九条光束轮廓线条

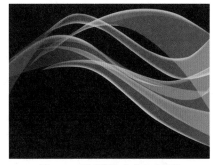

图 7-157 绘制第九条光束后效果

Step 16 隐藏背景图层，在所有图层的最上方新建图层，按【Ctrl+Alt+Shift+E】组合键盖印图层。在当前图层的下方新建一个图层并填充为黑色。然后把盖印后的光束图层复制一层，选择"自由变换工具"进行适当变形，完成后效果如图 7-158 所示。

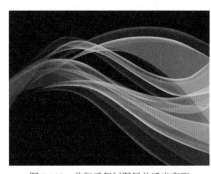

图 7-158 盖印后复制图层并适当变形

Step 17 在图层控制面板中单击"创建新的填充和调整图层"按钮●.，选择"色彩平衡"命令，选择色调为"中间调"，分别输入 3 个数值为"-48""-43""-21"，参数设置如图 7-159 所示。选择色调为"高光"，分别输入 3 个数值为"-26""-10""9"，参数设置如图 7-160 所示。完成后的图层控制面板如图 7-161 所示。

图 7-159 "中间调"调整层参数设置

图 7-160 "高光"调整层参数设置

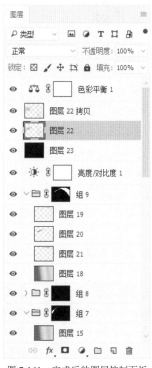

图 7-161 完成后的图层控制面板

项目一
项目二
项目三
项目四
项目五
项目六
项目七

◎ **5. 技巧点拨**

1）调整图层

"调整图层工具"有色彩调整的效果，且多个调整图层可以综合产生效果，但图层间又可以独立进行修改。由于其使用时是在图层上添加一个调整图层的蒙版，因此能够保留图层中的原始图像，有利于反复操作和修改。

（1）单击图层控制面板下方的 按钮，即可弹出"调整图层"的快捷菜单，如图 7-162 所示。

图 7-162 "调整图层"快捷菜单

（2）打开素材库中的"素材—船"文件，然后选择"调整图层"快捷菜单中的"亮度／对比度"命令，即出现设置对话框，如图 7-163 所示。可根据需要修改亮度、对比度，此时图层控制面板中会出现一个调整图层，如图 7-164 所示。如果要再次修改数值，只需要双击该调整图层即可弹出设置对话框，且参数会停留在上一次的修改值上，而不会像普通的色彩调整命令一样，每次设置完后下一次又从零开始。

（3）选择"调整图层"快捷菜单中的"色相／饱和度"命令，即出现如图 7-165 所示的设置对话框，将饱和度参数改为"-100"，使画面呈无彩色模式。当前画面是两种调整图层的混合效果，此时图层控制面板中会出

现另一个调整图层，如图 7-166 所示。可以根据需要单独设置两个不同调整图层的参数，或者打开或关闭某个调整图层。也可进行删除，对于原始图像丝毫没有影响。

图 7-163 "亮度／对比度"调整图层设置

图 7-164 出现调整图层

图 7-165 "色相／饱和度"调整图层设置

项目一 项目二 项目三 项目四 项目五 项目六 项目七

图 7-166　两个调整图层

（4）打开素材库中的"素材—油菜花"文件，将其拖至文档中，成为"图层 1"，如图 7-167 所示，当前图层控制面板状态如图 7-168 所示。

图 7-167　添加油菜花图片

图 7-168　添加油菜花图片后图层控制面板

如图 7-169 所示，将油菜花图层拖至

调整图层的下方，此时画面效果如图 7-170 所示。可见调整图层只对其下方的图层产生作用。

图 7-169　移动油菜花图层

图 7-170　移动油菜花图层后效果

（5）如果将"色相 / 饱和度"调整图层与"亮度 / 对比度"调整图层互相换位置后，图像效果也会发生改变。这是因为与图像接近的调整图层首先发挥作用，因此改变多个调整图层的位置也将会改变图像的效果。

（6）在"色相 / 饱和度"调整图层设置对话框的下方，单击 按钮或者按【Alt+G】组合键选择油菜花图层，即效果只针对该图层产生，画面效果如图 7-171 所示。如图 7-172 所示在图层控制面板中可以看到，油菜花图层的名称被添加了下画线，说明"色相 / 饱和度"是其专属的调整图层，其余图层仍为普通图层。

图 7-171　设置专属调整图层后效果

图 7-172　设置专属调整图层后图层控制面板

　　如果想要复制后的油菜花图层也保留调整图层，可先将它们放在同一个图层组中，然后复制图层组，如图 7-173 所示。

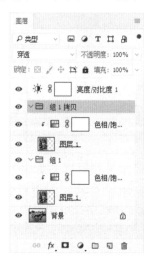

图 7-173　复制带调整图层的图层组

　　（7）选择"矩形选框工具"创建一个选区，如图 7-174 所示。

图 7-174　创建一个矩形选区

　　在图层控制面板下方单击 按钮，选择调整图层快捷菜单中的"亮度／对比度"命令，即可创建一个带蒙版效果的调整图层，如图 7-175 所示。

图 7-175　创建带蒙版效果的调整图层

　　（8）打开油菜花原始图层，将其"载入选区"使其成为一个选区，然后创建"色相／饱和度"调整图层，修改饱和度参数为"-100"。此时图层控制面板如图 7-176 所示，油菜花图层已变为无彩色。

图 7-176　载入选区并创建"色相／饱和度"调整图层

在图层控制面板中隐藏油菜花图层，如图 7-177 所示，此时可以看到船所在图层的相应部分也变为了无彩色，如图 7-178 所示。所以在选区模式下应用的调整图层仍然是对下方所有图层有效的。

图 7-177　隐藏油菜花图层

图 7-178　选区模式下应用调整图层效果

2）通道的概念

通道是储存不同种类信息的灰度图像，包括颜色信息通道、Alpha 通道和专色通道。一个图像的通道数最多为 56 个。新通道的尺寸、像素数量与原图像相同。

3）通道面板

选择"窗口"→"通道"命令，如图 7-179 所示；或在控制面板中单击"通道"选项卡 ，切换至"通道"面板，如图 7-180 至图 7-182 所示，RGB、CMYK、Lab 图像的"通道"面板均不同，但其"通道"面板均包含图像中的所有通道。通道名称左侧为通道内容缩览图，编辑通道缩览图会自动更新。

（1）"将通道作为选区载入"按钮 ，可根据需要将所选的通道作为选区，以便编辑与绘画。

图 7-179　"通道"命令

图 7-180　RGB 图像"通道"面板

（2）"将选区存储为通道"按钮 ，可根据需要将所选的区域存储为通道，以便编辑与绘画。

（3）"创建新通道"按钮 ，新建一个通道，以便编辑与绘画。

（4）"删除当前通道"按钮 ，删除当前所选择的通道。

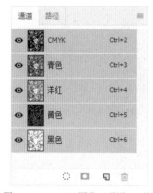

图 7-181　CMYK 图像"通道"面板

图 7-182　Lab 图像"通道"面板

4）通道的显示或隐藏

单击通道左侧的眼睛 👁 按钮可显示或隐藏该通道。

5）用彩色显示通道

选择"编辑"→"首选项"→"界面"命令，打开如图 7-183 所示的"首选项"对话框，勾选"用彩色显示通道"复选框。此时在控制面板中单击"通道"选项卡 通道，切换至"通道"面板，RGB、CMYK 和 Lab 图像的"通道"面板中每个通道均会显示原始色彩，如图 7-184 至图 7-186 所示。

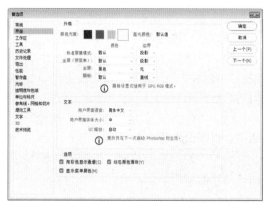

图 7-183　"首选项"设置

图 7-184　RGB 图像彩色"通道"面板

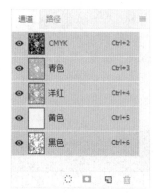

图 7-185　CMYK 图像彩色"通道"面板

图 7-186　Lab 图像彩色"通道"面板

6）通道的选择和编辑

单击通道名称，可进行单个通道的选择；按住【Shift】键的同时单击，可选择多个通道。

使用绘画工具或编辑工具在画面中绘画，每次只能在一个通道上绘制。

7）复制通道和删除通道

选择一个通道，右击，弹出如图 7-187 所示的菜单。选择"复制通道"命令，打开"复制通道"对话框，如图 7-188 所示，在该对话框中可对通道副本进行设置。

图 7-187　"复制通道""删除通道"命令　　　　图 7-188　"复制通道"对话框

7.3.2　应用模式——发散效果背景设计

○ 1. 任务效果图（见图 7-189）

图 7-189　"发散效果背景设计"效果图

○ 2. 关键步骤

Step 01 新建文档，设置宽度为"1280 像素"，高度为"1024 像素"。填充需要的背景，设置颜色值为 RGB（139，112，147）。新建图层"图层 1"，使用"矩形选框工具"在新图层上竖着画出一个细长的矩形选区，如图 7-190 所示。在选区中填充色彩，颜色值为 RGB（159，130，168）。

图 7-190　绘制矩形选区

Step 02 复制所制作的浅紫色"图层 1"，按【Ctrl+J】组合键多次复制图层并向右均匀

移动，如图 7-191 所示。同时选中这些图层，单击"水平居中分布"按钮达到等分的效果。

注意：可先将这些图层进行大致的排列，但第一个图层必须位于画面的最左侧，最后一个图层必须要距离画面的最右侧有一个浅紫色矩形的宽度，这样才能保证后面做出正确的效果。

图 7-191　复制多个矩形选区

Step 03 将所有浅紫色图层选中，按【Ctrl+E】组合键，将图层合并。选择"滤镜"→"扭曲"→"极坐标"命令，在"极坐标"对话框中勾选"平面坐标到极坐标"单选按钮，如图 7-192 所示。

图 7-192　"极坐标"设置

7.4 任务 4　聊天软件界面扁平化设计

7.4.1 引导模式——登录界面设计

➡ 1. 任务描述

利用"圆角矩形工具""油漆桶工具""多边形套索工具"等，制作一个简洁时尚的聊天软件登录界面。

➡ 2. 能力目标

① 能熟练运用"圆角矩形工具"绘制界面；

② 能熟练运用"油漆桶工具"进行色彩的填充；

③ 能熟练运用"多边形套索工具"进行图形选区制作；

④ 能利用"文字工具"进行文字排版。

➡ 3. 任务效果图（见图 7-193）

图 7-193　"登录界面设计"效果图

➡ 4. 操作步骤

Step 01 新建文件，设置宽度为"800"像素，高度为"600"像素，分辨率为"72 像素 / 英寸"，颜色模式为"RGB 颜色"，文件名称为"登录界面"。

Step 02 选择工具箱中的"圆角矩形工具"，设置填充色为浅青色，半径为"5 像素"，宽度为"500 像素"，高度为"300 像素"，如图 7-194 所示。

Step 03 将鼠标移到画布上并单击，弹出如图 7-195 所示的"创建矩形"对话框，单击"确定"按钮，弹出"属性"对话框，再次单击"确定"按钮，即在画布中央绘制出一个圆角矩形成为"圆角矩形 1"图层，如图 7-196 所示。

Step 04 新建一个图层，选择"圆角矩形工具"，设置半径为"5 像素"，宽度为"100 像素"，高度为"100 像素"，填充色为白色，创建"圆角矩形 2"并将其拖至如图 7-197 所示的位置，作为登录用户头像显示区域。

图 7-194　"圆角矩形工具"参数设置

图 7-195　"创建矩形"对话框

图 7-197　绘制"圆角矩形 2"

Step 05 新建一个图层，选择"圆角矩形工具"，设置半径为"5 像素"，宽度为"240 像素"，高度为"30 像素"，填充色为白色，创建"圆角矩形 3"并将其拖至如图 7-198 所示的位置，作为文字输入区域。

Step 06 复制"圆角矩形 3"图层得到"圆

图 7-196　绘制"圆角矩形 1"

角矩形 3 拷贝"图层,将"圆角矩形 3 拷贝"图层向下移动至如图 7-199 所示的位置。

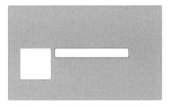

图 7-198　绘制"圆角矩形 3"

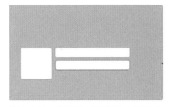

图 7-199　绘制"圆角矩形 3 拷贝"

Step 07 选择"圆角矩形 1"图层,按住【Ctrl】键的同时单击图层控制面板中的图层缩略图,得到矩形选区。选择工具箱中的"矩形选框工具",选择"从选区中减去"命令,将矩形上半部、下半部分别减去一部分选区,得到中间一段选区,效果如图 7-200 所示。

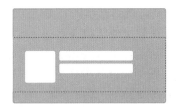

图 7-200　选区范围选择

Step 08 新建一个图层为"图层 1",设置前景色为 RGB(111,221,254),如图 7-201所示。选择工具箱中的"油漆桶工具",填充选区,按【Ctrl+D】组合键取消选区,效果如图 7-202 所示。

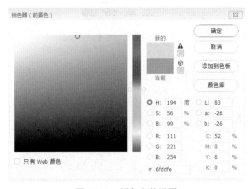

图 7-201　颜色参数设置

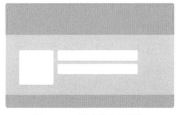

图 7-202　填充颜色后效果

Step 09 选择"椭圆工具",设置颜色为蜡笔黄色,宽度为"20 像素",高度为"20像素",按住【Shift】键的同时用鼠标拉出如图 7-203 所示的一个正圆形。新建一个图层,选择"多边形工具",设置边数为"3",颜色为黑青色,宽度为"8 像素",高度为"8像素",绘制多边形并将该图层"多边形 1"拖至所有图层最上方。利用"自由变换工具"旋转 90°,位置如图 7-204 所示。新建一个图层,选择"圆角矩形工具"绘制"圆角矩形 4",设置宽度为"18 像素",高度为"18 像素",半径为"5 像素",颜色为白色。复制"圆角矩形 4"图层为"圆角矩形 4 拷贝"图层,拖至如图 7-205 所示位置。

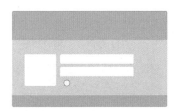

图 7-203　绘制正圆形

图 7-204　绘制多边形

图 7-205　绘制两个圆角矩形

Step 10 新建一个图层,选择"圆角矩形工具"绘制矩形,设置宽度为"70 像素",

高度为"20 像素"，半径为"5 像素"，颜色值为 RGB（111，221，254），得到"圆角矩形 5"图层。复制两次"圆角矩形 5"图层，将所得的 3 个矩形，分别放置在如图 7-206 所示的位置。接着，制作登录界面右上角的"—"和"×"按键。新建一个图层，选择"矩形工具"绘制矩形，设置宽度为"15 像素"，高度为"3 像素"，颜色为白色，得到"矩形 1"图层，即"—"按键。复制"矩形 1"图层为"矩形 1 拷贝"图层，按【Ctrl+T】组合键进行自由变换，设置旋转角度为"45°"。复制"矩形 1 拷贝"图层为"矩形 1 拷贝 2"图层，选择"编辑"→"变换"→"水平翻转"命令，同时选中"矩形 1 拷贝"图层和"矩形 1 拷贝 2"图层，使用"移动工具"，按住【Shift】键的同时进行平移，"—"和"×"按键位置如图 7-207 所示。

图 7-206　绘制 3 个圆角矩形

图 7-207　"—"和"×"按键位置

Step 11 制作登录界面头像。新建一个文件，设置宽度和高度均为"300 像素"，颜色模式为"RGB 模式"，分辨率为"72 像素 / 英寸"。选择工具箱中的"油漆桶工具"，设置填充颜色值为 RGB（255，186，207），效果如图 7-208 所示。

图 7-208　颜色设置效果

Step 12 选择工具箱中的"多边形套索工具"，新建一个图层，沿着画布对角线绘制一个三角形选区，如图 7-209 所示。选择工具箱中的"油漆桶工具"，设置填充颜色值为 RGB（232，166，186），按【Ctrl+D】组合键取消选区，效果如图 7-210 所示。

图 7-209　绘制三角形选区　　图 7-210　三角形选区
　　　　　　　　　　　　　　　　　　填充效果

Step 13 选择工具箱中的"自定形状工具"，在"形状"下拉菜单中选择"女人"选项，如图 7-211 所示。如果没有，可以通过单击选项栏右上角的 按钮，追加"全部"形状进来再进行选择。按住【Shift】键的同时进行缩放以防止人物变形，位置与大小如图 7-212 所示。修改填充颜色值为 RGB（253，219，230），得到"形状 1"图层。在该图层上右击，在弹出的快捷菜单中选择"栅格化图层"命令，选择工具箱中的"矩形选框工具"将人物的腿部删除，效果如图 7-213 所示。将图像保存为名为"登录头像"的 JPEG 格式文件，并关闭该文件。

图 7-211　选择自定形状"女人"

图 7-212　人形大小与位置　图 7-213　绘制女性登录头像

Step 14 打开刚才保存的"登录头像"文件，将其拖至"登录界面"文档中，成为"图层2"，调整大小如图7-214所示。选择"圆角矩形2"图层，按住【Ctrl】键的同时单击图层缩略图，得到如图7-215所示的选区。选择"选择"→"修改"→"收缩"命令，设置收缩量为"3像素"。选择"图层2"图层，选择工具箱中的"矩形选框工具"，在画布上右击，在弹出的快捷菜单中选择"选择反向"命令，然后按【Delete】键将"图层2"多余的部分删除，使得登录头像有一个白色的边框。按【Ctrl+D】组合键取消选区，效果如图7-216所示。

图7-214 "登录头像"大小调整

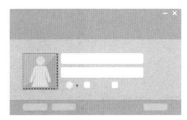

图7-215 获得选区

图7-216 登录头像制作边框效果

Step 15 输入文字"QQ2014"，设置颜色为白色，字体为"Adventure Subtitles"（如无此字体，可另选其他一些较为方正的字体），大小为"30点"。输入文字"Enjoy Your Moment"，设置颜色为白色，字体同上，大小为"14点"。然后将两个文字图层放在画面居中位置，如图7-217所示。输入文字"注册账号""找回密码"，设置颜色值为RGB

（255，247，153），字体为"黑体"，大小为"15点"。输入文字"记住密码""自动登录""多账号""设置""登录"，设置颜色值为RGB（0，117，169），字体为"黑体"，大小为"12点"，位置如图7-218所示。

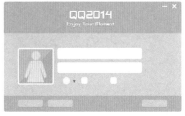

图7-217 添加登录界面标题文字

图7-218 添加中文字体后效果

Step 16 新建一个图层，选择"自定形状工具"中的"复选标记"选项，如图7-219所示。按住【Shift】键的同时进行绘制，修改填充色为浅青色，大小与位置如图7-220所示。选择"自定形状工具"中的"箭头2"选项，如图7-221所示，在画布上按住【Shift】键的同时进行绘制，修改填充色为蜡笔黄色，复制两次，大小与位置如图7-222所示。

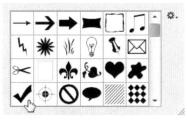

图7-219 选择"复选标记"选项

图7-220 调整"复选标记"颜色与位置

项目一　项目二　项目三　项目四　项目五　项目六　项目七

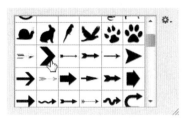

图 7-221 选择"箭头 2"选项

图 7-222 调整"箭头 2"颜色与位置

➡ 5. 技巧点拨

为了便于在制作复杂的项目时更为快捷便利地寻找到所要图层，Photoshop 在图层控制面板中新增了"图层过滤器"功能。通过不同的搜索条件，能够迅速找到所需图层，提升工作效率。同时，还可以通过一些技巧来解决图层中的一些问题，比如找到一些无用的空白图层，或找到一些应用了高级混合模式的图层等。

在图层控制面板中，可以根据"名称""效果""模式""属性""颜色""智能对象"、"选定""画板"8 个类型来进行图层的搜索，如图 7-223 所示。

（1）名称：输入关键字即可获得相关图层，如图 7-224 所示。

图 7-223 图层搜索   图 7-224 名称筛选
菜单

（2）效果：可选择"斜面和浮雕""描边""内阴影""内发光""光泽""叠加""外发光""投影"来进行图层的筛选，如图 7-225 所示。

（3）模式：可选择"正常""溶解""变暗""正片叠底""颜色加深""线性加深""深色""变亮""滤色""颜色减淡""线性减淡（添加）""浅色""叠加""柔光""强光""亮光""线性光""点光""实色混合""差值""排除""减去""划分""色相""饱和度""颜色""明度"来进行图层的筛选，如图 7-226 所示。

图 7-225 效果筛选   图 7-226 模式筛选

（4）属性：可选择"可见""锁定""空""链接的""已剪切""图层蒙版""矢量蒙版""图层效果""高级混合""不可见""未锁定""不为空""未链接""未剪切""无图层蒙版""无矢量蒙版""无图层效果""无高级混合"来进行图层的筛选，如图 7-227 所示。

（5）颜色：可选择"红色""橙色""黄色""绿色""蓝色""紫色""灰色"来进行图层的筛选，如图 7-228 所示。

图 7-227 属性筛选

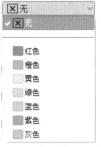

图 7-228 颜色筛选

7.4.2 应用模式——聊天界面设计

1. 任务效果图 (见图 7-229)

图 7-229 "聊天界面设计"效果图

2. 关键步骤

Step 01 制作两个圆角矩形，设置左侧圆角矩形的宽度为 "396 像素"，高度为 "300 像素"，右侧圆角矩形的宽度为 "126 像素"，高度为 "300 像素"，半径均为 "5 像素"，颜色值分别为 RGB (0, 183, 238)、RGB (0, 160, 233)，如图 7-230 所示。

图 7-230 制作两个圆角矩形

Step 02 选择 "矩形工具" 制作其他矩形框，色彩与界面相一致，但较为浅一些。复制矩形的方法：选中所要复制的图层，使用 "移动工具"，按住【Alt】键的同时，用鼠标向下拖曳即可复制图层。效果如图 7-231 所示。

图 7-231 制作多个矩形框效果

Step 03 按住【Ctrl】键的同时单击右侧圆角矩形所在图层缩略图获得选区，然后利用 "矩形选框工具" 将选区上半部分去掉，设置填充颜色值为 RGB (0, 139, 203)，效果如图 7-232 所示。

图 7-232 选区填充后效果

Step 04 采用制作女性登录头像的方法制作一个男性登录头像，如图 7-233 所示。设置背景颜色值分别为 RGB (155, 219, 159)、RGB (137, 196, 141)，人物颜色值为 RGB (196, 243, 200)。

项目
一

项目
二

项目
三

项目
四

项目
五

项目
六

项目
七

图 7-233　男性登录头像

Step 05 选择工具箱中的"自定形状工具"中的"会话 12"选项，制作聊天对话框，如图 7-234 所示。其色彩应与聊天者头像色彩相匹配，聊天对话框位置如图 7-235 所示。

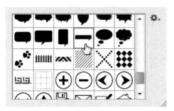

图 7-234　选择自定形状"会话 12"选项

图 7-235　聊天对话框位置

Step 06 制作聊天界面上部的功能图标，如图 7-236 所示拉出两条参考线，选择"自定形状工具"中的一些合适的图标进行摆放，色彩均为白色。

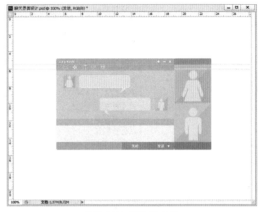

图 7-236　添加参考线

Step 07 采用同样的方法制作聊天窗口下方的功能图标，效果如图 7-237 所示。

图 7-237　聊天窗口下方功能图标

7.5　任务 5　UI 设计之流行元素

7.5.1　引导模式——MBE 风格游戏首界面设计

➡ 1. 任务描述

利用"形状工具"选项栏各种形状操作命令、"创建剪贴蒙版"、"自定形状"等命令，设计并创作 MBE 风格的游戏的首界面。

➡ 2. 能力目标

① 能熟练运用"减去顶层形状""合并形状组件"命令进行混合图形的创作；

② 能熟练运用"组"命令，可将同一内容放在同一组内，以便操作和管理；

③ 能熟练运用"自定形状"命令定义自己创作的形状，以便日后使用。

➡ 3. 任务效果图（见图 7-238）

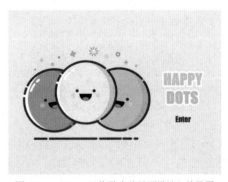

图 7-238　"MBE 风格游戏首界面设计"效果图

● 4. 操作步骤

Step 01 打开"新建文档"对话框，设置名称为"MBE 风格游戏首界面"，宽度为"1024像素"，高度为"768 像素"，分辨率为"72像素 / 英寸"，单击"创建"按钮。在图层控制面板中，单击下方的"创建新的填充或调整图层"按钮 ●，在如图 7-239 所示的菜单中选择"纯色 ..."命令，然后在弹出的对话框中设置颜色值为 RGB（224，224，224），如图 7-240 所示。

图 7-240 设置背景颜色

Step 02 选择工具箱中的"椭圆工具" ○，在选项栏中设置 W 为"300 像素"，H 为"300 像素"，填充为无颜色，描边的颜色值为 RGB（14，16，85），形状描边宽度为"10 像素"，如图 7-241 所示。此时在画布上单击，弹出如图 7-242 所示"创建椭圆"对话框，单击"确定"按钮，得到如图 7-243所示的圆形。

Step 03 将已得到的"椭圆 1"图层进行复制，得到"椭圆 1 拷贝"图层，使其位于"椭圆 1"图层的下方，如图 7-244 所示。设置"椭圆 1 拷贝"的描边为无颜色，填充的颜色值为 RGB（92，157，255），此时画面效果如图 7-245 所示。

图 7-239 "纯色"命令

图 7-241 椭圆参数设置

图 7-242 创建椭圆

图 7-244 得到"椭圆 1 拷贝"图层

Step 04 将"椭圆 1 拷贝"图层复制两次，并使复制出来的两个图层位于该图层的下方，如图 7-246 所示。然后将"椭圆 1 拷贝 3"填充的颜色值设置为 RGB（255，255，255）。

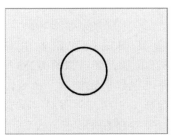

图 7-243 绘制圆形

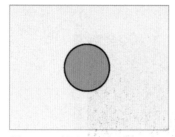

图 7-245 "椭圆 1 拷贝" 填充后效果

图 7-246 得到两个复制图层

图 7-248 "减去顶层形状"命令

图 7-249 "减去顶层形状"后效果

图 7-250 "合并形状组件"命令

图 7-251 将实时形状转变为常规路径

Step 05 选中 "椭圆 1 拷贝" 图层，选择工具箱中的 "路径选择工具" ，按住【Alt+Shift】组合键的同时，用鼠标在画布上从右向左移动，拖曳出一个新的圆形，位置如图 7-247 所示。然后在选项栏中的 "路径操作" 下拉菜单中选择 "减去顶层形状" 命令 ，如图 7-248 所示。关闭 "椭圆 1 拷贝 2" 图层和 "椭圆 1 拷贝 3" 图层，此时画面效果如图 7-249 所示。然后修改 "椭圆 1 拷贝" 形状的颜色值为 RGB（75，123，196）。在选项栏中的 "路径操作" 下拉菜单中选择 "合并形状组件" 命令，如图 7-250 所示，接着弹出如图 7-251 所示的对话框，单击 "是" 按钮，打开 "椭圆 1 拷贝 2" 图层和 "椭圆 1 拷贝 3" 图层，此时画面效果如图 7-252 所示。

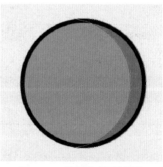

图 7-252 得到带暗部的圆形

Step 06 在图层控制面板中右击 "椭圆 1 拷贝" 图层，弹出如图 7-253 所示的菜单，选择 "创建剪贴蒙版" 命令，使其应用于 "椭圆 1 拷贝 2" 图层，图层控制面板状态如图 7-254 所示。

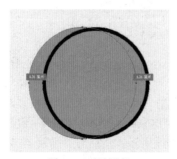

图 7-247 复制路径

图 7-253　"创建剪贴蒙版"命令

图 7-254　图层控制面板状态

Step 07 选中"椭圆 1 拷贝 2"图层，然后选择工具箱中的"移动工具"⊕，将其向右平移至如图 7-255 所示位置。此时按【Ctrl】键的同时单击"椭圆 1"图层的缩略图，得到"椭圆 1"选区，然后在选中"椭圆 1 拷贝 2"图层的状态下，单击"添加图层蒙版"按钮◻，即可将多余的部分去除，如图 7-256 所示。

图 7-255　"椭圆 1 拷贝 2"形状移动后效果

图 7-256　圆形去除多余部分后效果

Step 08 选中刚才绘制的所有椭圆图层，按【Ctrl+G】组合键，得到"组 1"，便于后期操作，如图 7-257 所示。

图 7-257　得到"组 1"

Step 09 选择工具箱中的"椭圆工具"○，在选项栏中设置 W 为"14 像素"，H 为"14 像素"，填充的颜色值为 RGB（14，16，85），描边为无颜色。此时在画布上单击，弹出"创建椭圆"对话框，单击"确定"按钮，得到如图 7-258 所示的圆形。复制该图层并移动至如图 7-259 所示的位置。选中刚才绘制的两个眼睛图层，按【Ctrl+G】组合键，得到"组 2"。

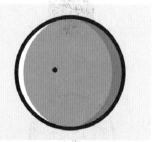

图 7-258　绘制一个圆形眼睛

Step 10 选择工具箱中的"椭圆工具"○，在选项栏中设置 W 为"21 像素"，H 为"21 像素"，填充的颜色值为 RGB（156，183，225），描边为无颜色。参考眼睛的绘制方法，

项目一　项目二　项目三　项目四　项目五　项目六　项目七

得到如图 7-260 所示红晕。选中两个红晕图层，按【Ctrl+G】组合键，得到"组 3"。

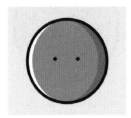

图 7-259　眼睛绘制完后效果

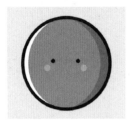

图 7-260　添加红晕

Step 11 选择工具箱中的"椭圆工具" ○.，在选项栏中设置 W 为"58 像素"，H 为"58 像素"，填充的颜色值为 RGB（0，0，0），描边为无颜色。然后选择工具箱中的"矩形工具" □.，按住【Shift】键的同时在圆形一半处往上添加一个矩形，如图 7-261 所示。然后在选项栏中的"路径操作"下拉菜单中选择"减去顶层形状"命令，再在此下拉菜单选择"合并形状组件"命令，在弹出的对话框中单击"是"按钮，得到如图 7-262 所示嘴巴的形状。

图 7-261　添加矩形

图 7-262　绘制嘴巴形状

Step 12 选择工具箱中的"椭圆工具" ○.，在选项栏中设置 W 为"58 像素"，H 为"58

像素"，填充的颜色值为 RGB（250，119，119），描边为无颜色，绘制舌头，位置如图 7-263 所示。在图层控制面板中右击舌头所在图层，在弹出的快捷菜单中选择"创建剪贴蒙版"命令，使其应用于嘴巴图层。然后同时选中这两个图层，按【Ctrl+G】组合键，得到"组 4"。

图 7-263　绘制舌头

Step 13 选中"椭圆 1"图层，按【Ctrl+J】组合键，复制出"椭圆 1 拷贝 4"图层，将其置于"椭圆 1"图层的下方，然后关闭该图层。重新选中"椭圆 1"图层，此时图层控制面板如图 7-264 所示。选择工具箱中的"钢笔工具" ⌀.，按住【Ctrl】键后选中圆形，出现其路径，如图 7-265 所示。在选项栏中设置"形状描边类型" ——ˇ，在其下拉菜单中"端点"选择如图 7-266 所示圆头形状。然后将鼠标移至"椭圆 1"路径上，钢笔图标旁会出现一个"+"，即可在路径上添加锚点，如图 7-267 所示。

图 7-264　关闭"椭圆 1 拷贝 4"图层

图 7-265　选中"椭圆 1"路径

图 7-266　选择描边的端点

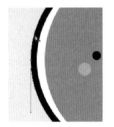

图 7-267　出现添加锚点工具

Step 14 在"椭圆 1"路径上任意添加一些锚点。注意：锚点应以 3 个为一组的方式进行添加，如图 7-268 所示。为了看清楚操作，这里仅以路径方式呈现，并未添加描边。然后按住【Ctrl】键的同时，用鼠标在画面上框选中间的一个锚点，如图 7-269 所示，然后按【Delete】键将其删除，如图 7-270 所示。

图 7-268　添加锚点参考图

图 7-269　选中中间的锚点

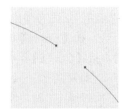

图 7-270　删除中间的锚点

Step 15 对"椭圆 1"进行添加和删除锚点后的效果如图 7-271 所示。打开"椭圆 1 拷贝 4"图层，将其颜色值改为 RGB（255，255，255）。按【Ctrl+T】组合键进行自由变

换，按【Shift+Alt】组合键对其大小进行调整，效果如图 7-272 所示。

图 7-271　圆形添加和删除锚点后效果

图 7-272　白色描边自由变换后效果

Step 16 参考步骤 14 绘制出如图 7-273 所示的高光效果。

图 7-273　绘制高光效果

Step 17 将所有组全都选中，按【Ctrl+G】组合键，得到"组 5"，修改组名为"圆 1"，如图 7-274 所示。然后将该组复制两次，并位于"圆 1"组的下方。运用"移动工具"和"自由变换工具"进行位置的调整，得到如图 7-275 所示的效果。

图 7-274　得到"图 1"组

项目一　项目二　项目三　项目四　项目五　项目六　项目七

图 7-275　复制出两个图层后效果

Step 18 修改中间和右侧的两个圆形的颜色，使其成为 3 个不同颜色的角色，效果如图 7-276 所示。

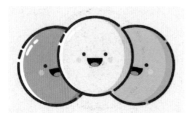

图 7-276　3 个圆形绘制完成

Step 19 选择工具箱中的"直线工具" ，设置填充为无颜色，描边的颜色值为 RGB（14，16，85），W 为"490 像素"，形状描边宽度为"10 像素"，"形状描边类型"下拉菜单中"端点"选择圆头形状，然后在 3 个圆形下方绘制一条直线，参考前面的步骤，绘制出如图 7-277 所示的线条。

图 7-277　添加线条后效果

Step 20 选择工具箱中的"多边形工具" ，在选项栏中选中"设置其他形状和路径选项" ，在下拉菜单中勾选"平滑拐角"和"星形"复选框，如图 7-278 所示。然后设置描边为无颜色，填充的颜色值为 RGB（255，255，255），边为"4"，在画布任意位置绘制出如图 7-279 所示的形状。选择"编辑"→"定义自定形状"命令，如图 7-280 所示，在弹出的对话框中输入名称为"星形"，单击"确定"按钮，如图 7-281 所示，即可将刚才绘制的形状保存起来便于后期使用。

图 7-278　形状半径设置

图 7-279　绘制四角星形

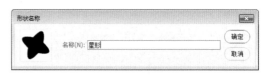

图 7-280　"定义自定形状"命令

图 7-281　保存自定义形状"星形"

Step 21 新建一个图层，选择工具箱中的"圆角矩形工具" ，在选项栏中设置 W 为"10 像素"，H 为"40 像素"，填充的颜色值为 RGB（255，255，255），描边为无颜色。在画布上单击，出现如图 7-282 所示的对话框，单击"确定"后画布中出现如图 7-283 所示的圆角矩形。按【Ctrl+J】组合键将圆角矩形进行复制，按【Ctrl+T】组合键，设置旋转为"90 度"，即可得到一个十字形，如图 7-284 所示。同时选中"圆角矩形 1"和"圆角矩形 1 拷贝 2"图层，右击，弹出如图 7-285 所示的菜单，选择"合并形状"命令。然后参考步骤 20，使用同样的方法将所绘制的十字形保存为自定义形状"十字形"，如图 7-286 所示。

图 7-282　创建圆角矩形

图 7-283　圆角矩形绘制效果

图 7-284　绘制十字形

图 7-285　选择"合并形状"

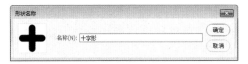

图 7-286　保存自定形状"十字形"

Step 22 新建一个图层，选择工具箱中的"圆角矩形工具" □，在选项栏中设置 W 为"6 像素"，H 为"20 像素"，填充的颜色值为 RGB（255，255，255），描边为无颜色。按【Ctrl+J】组合键将圆角矩形进行复制，按【Ctrl+T】组合键进行自由变换，按住【Alt】键的同时用鼠标拖动其中心点至如图 7-287 所示位置，设置旋转为"40 度"，如图 7-288 所示。然后按【Ctrl+Shift+Alt+T】组合键连续复制 7 次，得到如图 7-289 所示的烟花形状。

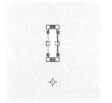

图 7-287　绘制圆角矩形

图 7-288　旋转圆角矩形

图 7-289　绘制烟花效果

Step 23 将前面绘制的白色"星形""十字形""烟花"图层关闭，新建一个图层，选择工具箱中的"自定形状工具" ☁，在选项栏中单击"形状"旁边的展开箭头，如图 7-290 所示，在自定形状的最后可调出刚才保存的 3 个形状。参考如图 7-291 所示效果进行背景的绘制。

图 7-290　自定形状选择

图 7-291　利用自定形状绘制背景

Step 24 选择工具箱中的"横排文字工具" T.，输入文字"HAPPY"，设置字体为"Impact"，大小为"72 点"，颜色值为 RGB（255，192，92）。输入文字"DOTS"，设置字体为"Impact"，大小为"72 点"，颜色值为 RGB（116，236，79），位置如图 7-292 所示。打开"HAPPY"图层的图层样式，勾选"描边"复选框，设置大小为"7"像素，位置为"外部"，颜色值为 RGB（255，255，255），如图 7-293 所示。

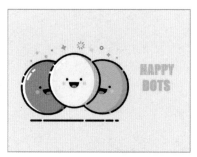

图 7-292　输入游戏英文名

图 7-293　文字描边效果

Step 25 选择工具箱中的"横排文字工具" T.，输入文字"Enter"，设置字体为"Impact"，大小为"36 点"，颜色值为 RGB（14，16，85），位置如图 7-294 所示。

图 7-294　输入文字"Enter"

5. MBE 设计风格介绍

MBE 风格来自 Dribbble 的一位法国设计师 MBE，其在 2015 年发布了一系列简单轻松的、具有偏移填充、粗线描边风格的作品，如图 7-295 所示。此后该风格迅速在网络上蹿红。

图 7-295　法国设计师 MBE 作品

MBE 设计风格具有以下特点。

（1）加粗深色断点描边。加粗深色线条可以帮助突出主题，加上断点线条的处理，使得物体并不显得死板与沉闷，充分表现出轻松活泼的设计特点，如图 7-296 所示。

图 7-296　线条加粗与断点处理

（2）色块溢出。MBE 风格最大的特点是色块的溢出，使得物体呈现出光影感。图形简单溢出填补空白，复杂则破坏气氛，溢出与表达思想结合能增加美感，如图 7-297 所示。

图 7-297　色块溢出效果

（3）色彩搭配。MBE 设计风格具有鲜明且平面化的色彩，对于同一类的物体可采用单色系的配色方法，如图 7-298 所示。对于多种类的物体可采用邻近色加补色的配色方法，如图 7-399 所示，使得画面中的物体对比鲜明，富有活力。

图 7-298 单色系配色法

图 7-299 邻近色加补色配色法

（4）装饰图形绘制。MBE 风格的背景装饰通常会用到圆形、四角星形、十字形、烟花、加号等形状，这些小图形会采用黄、橙、蓝、绿色等色彩围绕着物体周围进行装饰，如图 7-300 所示。

图 7-300 装饰图形绘制

7.5.2 应用模式——MBE 风格游戏设置界面设计

➲ 1. 任务效果图（见图 7-301）

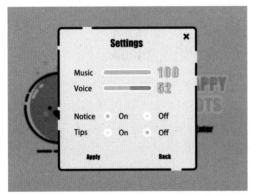

图 7-301 "MBE 风格游戏设置界面设计"效果图

➲ 2. 关键步骤

Step 01 打开"新建文档"对话框，设置名称为"MBE 风格游戏设置界面设计"，设置宽度为"1200 像素"，高度为"900 像素"，分辨率为"72 像素 / 英寸"。

Step 02 将前面做好的"MBE 风格游戏首界面设计"图拖至画布中作为背景。选择"编辑"→"色相 / 饱和度"命令，设置明度为"-30"，效果如图 7-302 所示。

Step 03 选择"滤镜"→"模糊"→"高斯模糊"命令，在弹出的对话框中设置半径为"3.0"像素，如图 7-303 所示。

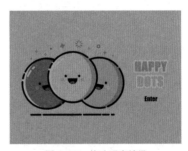

图 7-302 修改明度效果

图 7-303 "高斯模糊"设置

Step 04 选择工具箱中的"圆角矩形工具" ，在选项栏中设置 W 为"700 像素"，H 为"700 像素"，填充的颜色值为 RGB（224，224，224），描边为无颜色，半径为"20 像素"。在画布上单击，出现如图 7-304 所示的对话框，单击"确定"按钮后画布中间出现如图 7-305 所示的圆角矩形。

图 7-304　创建矩形

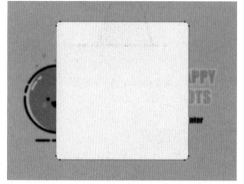

图 7-305　圆角矩形位置

Step 05 选择工具箱中的"横排文字工具"T，输入数字"1"，设置字体为"Impact"，大小为"60 点"，颜色值为 RGB（116，236，79），如图 7-306 所示。在图层控制面板中右击"1"图层，在弹出的快捷菜单中选择"转换为形状"命令，如图 7-307 所示。然后将其复制一层，得到"1 拷贝"图层，关闭"1"图层。

图 7-306　输入数字"1"

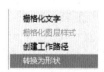

图 7-307　选择"转换为形状"

Step 06 选中"1 拷贝"图层，设置填充为

无颜色，描边的颜色值为 RGB（0，0，0），此时数字效果如图 7-308 所示。根据前面案例的方法，运用"钢笔工具"对数字 1 的描边进行断点处理，效果如图 7-309 所示。打开"1"图层，如图 7-310 所示，然后将其复制一层成为"1 拷贝 2"图层，使其位于"1"图层下方，修改其颜色值 RGB 为（255，255，255）。

图 7-308　数字 1 描边　　图 7-309　绘制断点描边
效果　　　　　　　　　　效果

图 7-310　给数字 1 填充绿色

Step 07 移动"1"图层至如图 7-311 所示位置，在右键快捷菜单中选择"删格化图层"命令。选中"1 拷贝 2"图层，按【Ctrl】键的同时单击该图层的缩略图，得到白色数字 1 选区。选择工具箱中的"矩形选框工具"，在画布上右击，在弹出的快捷菜单选择"选择反向"命令。选中"1"图层，按【Delete】键将多余的绿色删除，得到如图 7-312 所示的效果。

图 7-311　将绿色 1 进行　　图 7-312　删除绿色 1
位移　　　　　　　　　　多余部分

7.6 实践模式——产品检测软件界面设计

相关素材

制作要求：参考如图 7-313 所示的效果图制作一个产品检测软件的主界面。注意版面应尽量简洁大方，色彩尽量朴素，花哨的颜色会影响企业用户的操作效率。另外，在图标的设计上也应当保持扁平化的设计风格，简单、清晰、易懂。要求 6 个视频窗口能够正确地显示产品质量的好坏，播放、停止按键能够控制软件的状态。

注意：字体也应选择较为线条化的极简风格。

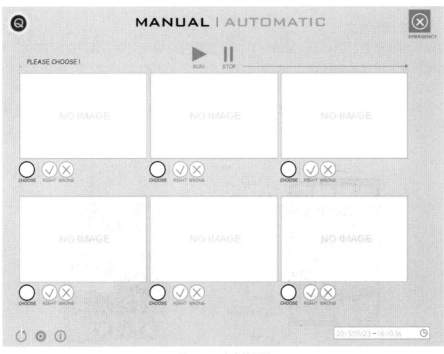

图 7-313　参考效果图

知识扩展

➔ 1. 扁平化设计的定义

扁平化设计是指摒弃高光、阴影、纹理、渐变等装饰效果，采用抽象、简化、符号化、平面化的元素来进行的设计方法。其核心在于界面功能本身的使用，将信息和事物以更为简单的方式表现出来，减少认知障碍的产生。

扁平化设计强调的是极简主义，少即是

多的设计理念，是目前极为流行的一种界面设计方法。其优点在于简约而不简单、突出内容主题、简单易用、设计更容易。

➔ 2. 扁平化设计的技巧

1）图标设计

扁平化图标的设计非常具有专业性，强调图形的线条化、概括化，以最为简单的线条来完美诠释图标含义。许多网站都提供了扁平化图标的免费资源，可供设计者修改使用。

2）配色设计

由于整个界面缺少了许多装饰元素，配色就成了扁平化设计的重中之重。颜色的冷暖、明暗、饱和度、对比度的不同搭配都会使其产生不同的视觉效果，诸如，醒目明亮的颜色能够增加视觉元素的趣味性，比较时尚现代。单色的配色方案在扁平化设计中很流行，一般会选择一些较为活泼的颜色，然后在明暗度上进行调整。多彩风格是另外一种设计方案，对不同的页面和面板使用不同的颜色，整体效果非常吸引人。

3）字体设计

优秀的字体设计有助于提升界面的整体视觉效果，是界面设计中的点睛之笔。由于扁平化设计注重简约，所以字体的选择也应简单、干净。一般采用无衬线字体，使用一到两种字重。一般来说，一个界面中使用的字体种类不会超过两种。另外，字体颜色一般为黑或白，不带装饰和色彩。

● 3. 界面设计的定义

界面设计也被称为 UI（User Interface），是指从人机的交互性、操作的逻辑性、界面的美观性等角度对软件进行系统化设计，使得用户的操作更为快捷、简单、舒适，具备人性化的特点。设计的过程中需要对用户的需求、使用情景、视觉设计元素的影响等多方面进行研究，从而挖掘潜在、合理的可行性方式，将软件的操作与用户的体验进行完美的结合，实现友善的人机交互界面，如图 7-314 至图 7-316 所示。

图 7-314　iPhone 手机界面

图 7-315　计算机界面

图 7-316　应用程序界面

◑ 4. 界面设计的分类

1）强调功能性的界面设计

功能性是界面设计中最为基本的内容，无论何种界面都必须满足可操作性和实用性，能够帮助用户简单、快捷地完成操作，将软件本身的信息与内容更好地传达给使用者，因此在设计上应较为大众化、国际化、客观化。例如绘图软件、办公软件、设计制作软件等，如图 7-317 所示。

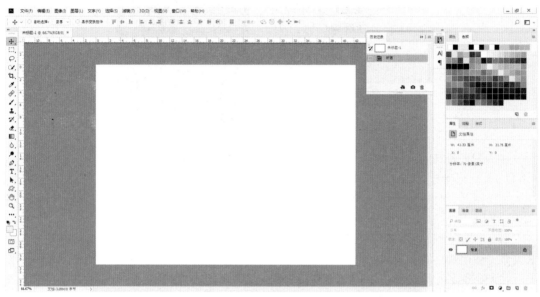

图 7-317　功能性界面设计

2）强调情感表达的界面设计

此种界面设计是通过图形、色彩等方法，将某种情感传递给用户，使用户在使用界面时能够产生情感的共鸣，获得更好的操作体验。通常使用在比较个性化的服务中，例如皮肤、主题、头像的更换，或者情感交流界面，如图 7-318 所示。

图 7-318　情感表达界面设计

3）强调环境因素的界面设计

针对软件使用时用户周边环境情况的特殊需求，完全从用户、界面与环境三者的角度出发，研究三者间相互依存的关系，从而确定设计目标和方向。例如某些软件设置中自带夜间模式、手机设置中的勿扰模式等，如图 7-319 所示。

项目一

项目二

项目三

项目四

项目五

项目六

项目七

图 7-319　环境因素界面设计

⊙ 5. 界面设计的原则

1）系统化原则

整个网站页面必须以用户体验为核心进行设计，做到简洁直观、易懂、易操作，设计风格与表现形式始终保持一致性，具体体现在如下这些方面：

（1）字体。字体类型不可过多，非标题类文字色彩尽量保持一致，对于不可修改的字段，需要统一使用灰色显示。

（2）对齐。页面内元素对齐的方式保持一致，除特殊需要，尽量避免同一页面中有多种对齐方式出现。

（3）色彩。多个页面的按钮、导航栏、图标的色彩应保持一致，且整体色彩搭配应和谐、舒适，符合良好的视觉感受。例如，女性主题网页多用红色、粉色、紫色之类偏女性化的色彩。

（4）图形图像。风格应符合网页的整体内容，如儿童主题网页可选择卡通图案、动漫造型等元素进行设计。

2）准确性原则

使用统一的标记方式，语言表述准确无误，语言保持一致性，例如"确定"对应"取消"、"是"对应"否"等。

3）布局合理化原则

遵循常用的自上而下、自左而右的操作、浏览习惯，避免功能按键过于分散，提高软件的易用性和操作效率。

7.7　知识点练习

一、填空题

1. 一个通道代表组成图像的_____。

2. 使用"圆形选框工具"时，需配合_____键才能绘制出正圆形。

3. "渐变工具"提供了线性渐变、_____、_____、_____和菱形渐变 5 种渐变方式。

二、选择题

1. 在 Photoshop 中，通道是用来（　　　）的。

A．存储选区　　　B．存储图像色彩

C．存储路径　　　D．存储颜色

2. 在通道调板中按住（　　　）功能键的同时单击垃圾桶图标，就可直接将选中的通道删除。

A．【Ctrl】　　　B．【Alt】

C．【Control】　　D．【Shift】

3. 要移动一条参考线，可以（　　　）。

A．选择"移动工具"拖拉

B．无论当前使用何种工具，按住【Alt】键的同时单击

C．在工具箱中选择任何工具进行拖拉

D．无论当前使用何种工具，按住【Shift】键的同时单击

4. 关于 Alpha 通道的使用，以下说法正确的是（　　　）。

A．保存图像色彩信息

B．保存图像未修改前的状态

C．存储和编辑选区

D．保存路径

5. "液化"滤镜的快捷键是（　　　）。

A．【Ctrl+X】

B．【Ctrl+Alt+X】

C．【Ctrl+Shift+X】

D．【Ctrl+Alt+Shift+X】

三、判断题

1. 在 Photoshop 中，如果想绘制直线的画笔效果，应该按住【Shift】键。　　（　　）

2. 在喷枪选项中可以设定的内容是"Pressure（压力）"。　　（　　）

3. "自动抹除"选项是画笔工具栏中的功能。　　（　　）

项目一

项目二

项目三

项目四

项目五

项目六

项目七

参 考 文 献

[1] 唐一鹏 . 网站色彩与构图案例教程 . 北京：北京大学出版社，2008.

[2] 黄育芹 . Photoshop CS 超梦幻网页创意宝典 . 北京：机械工业出版社，2005.

[3] 葛建国 . Photoshop CS 平面设计创意与范例 . 北京：机械工业出版社，2005.

[4] 汪可，张明真，於文财 . ADOBE PHOTOSHOP CS6 标准培训教材 . 北京：人民邮电出版社，2013.

[5] 贝蒂·艾德华（美）. 贝蒂的色彩 . 哈尔滨：北方文艺出版社，2008.

[6] 佐佐木刚士（日）. 版式设计原理 . 北京：中国青年出版社，2007.

[7] 郑翠仙 . 书籍装帧设计 . 武汉：华中科技大学出版社，2013.

[8] 张小玲，张莉 . UI 界面设计 . 北京：电子工业出版社，2014.

[9] 萨马拉（美）. 设计元素——平面设计样式 . 南宁：广西美术出版社，2012.

[10] 王安霞 . 产品包装设计 . 南京：东南大学出版社，2015.

参考网站

[1] 太平洋电脑网　　　　　　　　　http://www.pconline.com.cn

[2] 设计达人　　　　　　　　　　　https://www.shejidaren.com

[3] Adobe 官方网站　　　　　　　　https://www.adobe.com/cn/

[4] 天极网　　　　　　　　　　　　http://design.yesky.com

[5] 网页教学网　　　　　　　　　　http://www.webjx.com/photoshop

[6] Photoshop 专业教程网　　　　　http://www.68ps.com/index.htm

[7] 站酷（ZCOOL）　　　　　　　　http://www.zcool.com.cn

[8] 我要自学网　　　　　　　　　　http://www.51zxw.net

[9] PS 联盟　　　　　　　　　　　　http://www.68ps.com/index.htm

[10] 破洛洛　　　　　　　　　　　　http://www.poluoluo.com/

[11] doooor　　　　　　　　　　　　http://www.doooor.com/